Photoshop

实用基础教程

编　　著　蒋方园
编写指导　潘荣焕　张完硕　李慧敏
图片处理　王志成

图书在版编目(CIP)数据

Photoshop 实用基础教程/蒋方园编著．—武汉：武汉大学出版社，2022.7
(2025.1 重印)
ISBN 978-7-307-23054-5

Ⅰ.P…　Ⅱ.蒋…　Ⅲ.图象处理软件—教材　Ⅳ.TP391.413

中国版本图书馆 CIP 数据核字(2022)第 065850 号

责任编辑:黄　殊　　　责任校对:汪欣怡　　　版式设计:马　佳

出版发行:**武汉大学出版社**　(430072　武昌　珞珈山)
(电子邮箱: cbs22@ whu.edu.cn　网址: www.wdp. com.cn)
印刷:武汉邮科印务有限公司
开本:787×1092　1/16　印张:10　字数:237 千字　插页:1
版次:2022 年 7 月第 1 版　　2025 年 1 月第 4 次印刷
ISBN 978-7-307-23054-5　　定价:45.00 元

前　言

Photoshop是由Adobe公司开发的图形处理和编辑软件，它在图像处理、视觉创意、平面设计、网页设计、包装设计等领域被广泛应用。

全书共8章，第一章《初识Photoshop》主要介绍了Photoshop的基本情况及其历史。第二章《Photoshop基础知识》，主要介绍了Photoshop的工作界面、基础操作以及图像调整工具的使用，如新建和打开图像、保存和关闭图像，使用裁剪工具、认识变换与变形操作，掌握撤销操作与辅助工具、调整画布位置与显示大小，等等。第三章《色彩与色调》主要介绍了如何快速调整图像色彩、明暗，以及反相与渐变、映射等命令的使用。第四章《文字工具》主要介绍了Photoshop中的文字编辑技巧。第五章《绘画工具》主要介绍了矢量工具、画笔工具、钢笔工具、形状工具组、路径与形状编辑。第六章《蒙版的应用》主要介绍了快速蒙版、图层蒙版、剪贴蒙版矢量蒙版等知识。第七章《图层基础操作》主要介绍了图层样式应用的基础知识。第八章《选区基础操作》介绍创建选区的方法与基础操作。

本书采用理论知识与操作案例相结合的方式，向读者介绍了Photoshop的基础操作和应用技巧，适合平面设计的初学者，既可作为院校开设的平面设计、网页设计制作、软件界面设计、手机界面设计等相关课程的教材，也可以供自学者参考。

在书籍撰写过程中，本人参考了国内外诸多专家学者的研究成果，尤其要感谢博士生导师潘荣焕教授、张完硕教授、李慧敏老师在本书撰写过程中的指导，学生王志成在图片处理等方面付出了大量辛勤工作，在此一并感谢。囿于本人的学术水平和研究能力，本书难免有疏漏与不足，敬请广大的专家、学者、同行及读者批评指正。

目　　录

第一章　初识 Photoshop

◎ 本章介绍：

在学习 Photoshop 软件前，首要我们要了解 Photoshop，包括 Photoshop 的诞生和发展，才能逐步认识 Photoshop 的功能和特点，才能更有效率地学习和运用 Photoshop。

第一节　Photoshop 概述

Adobe Photoshop，简称 PS，它是一款功能强大的图像处理软件，深受创意图像设计爱好者的喜爱。Photoshop 拥有强大的绘图和编辑工具，可以对图像、图形、文字、视频等进行编辑。因此，了解图像处理的知识是学习 Photoshop 的基础。

作为设计师，在进行平面设计、网页设计、动画和影视设计等，都需要掌握 Photoshop。

第二节　Photoshop 的历史

一、Photoshop 的诞生

1987 年，美国密歇根大学的博士生托马斯·诺尔在完成毕业论文的时候，发现苹果计算机黑白位图显示器上无法显示带灰阶的黑白图像，于是他开始动手编写了一个叫 Display 的程序，可以在黑白位图显示器上显示带灰阶的黑白图像，他的兄弟约翰·诺尔对此程序很感兴趣，两兄弟不断把 Display 修改为功能更强大的图像编辑程序并改名为 Photoshop。

二、Photoshop 的发展

Adobe 公司于 1990 年推出了 Photoshop1.0，之后不断优化 Photoshop，随着版本的升级，Photoshop 的功能越来越强大。2002 年，Adobe 公司推出 Photoshop7.0。2003 年，Adobe 公司推出了 Adobe Creative Suit，简称 Photoshop CS。Photoshop 也被命名为 Photoshop CS，随后又推出了 Photoshop CS2、PhotoshopCS3、PhotoshopCS4、PhotoshopCS5，2012 年又推出 Photoshop CS6。2013 年 6 月，随着 Photoshop Creative Cloud 版本的发布，Adobe 公司推出了 Adobe Creative Cloud，简称 Adobe CC。Photoshop 也被命名为 Photoshop CC，从

今以后，所有的 Photoshop 版本都将会以 Creative Cloud 为基础，可以让 Adobe 基于此对 Creative Cloud 用户推出软件更新，如图 1-1 所示。

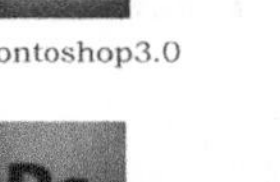

图 1-1　Photoshop 的发展

第二章　Photoshop 基础知识

◎ **本章介绍：**

本章对 Photoshop 的基本功能和图像处理基础知识进行了详细讲解。通过学习本章的知识，可以全面了解 Photoshop CC2019 的基本功能，如熟悉 Photoshop 的工作界面，新建和打开图像、保存和关闭图像，进行图像操作，熟练使用裁剪工具，认识变换与变形操作，以及撤销操作与辅助工具的使用、调整画布位置与显示大小等操作，为学习后面章节中的实用技巧奠定基础。

第一节　工 作 界 面

认识 Photoshop 的工作界面，是学习 Photoshop CC2019 的基础。快速熟悉 Photoshop 的工作界面，有助于初学者在应用软件时熟练掌握基本操作。Photoshop（以 Photoshop CC2019 为例）的工作界面主要由菜单栏、属性栏、工具箱、状态栏和控制面板组成，如图 2-1 所示。

图 2-1　工作界面

菜单栏位于界面的最上部，共有 11 个菜单命令："文件""编辑""图像""图层""文字""选择""滤镜""3D""视图""窗口""帮助"。

工具箱位于界面的左侧，包含了多种工具，可以完成对图像的绘制、观察、测量等操作。

属性栏位于菜单栏的下方，主要用于设置不同的选项或参数，如文字的字体、颜色、字号等，可以使用户快速完成多样化的操作。

控制面板位于界面的右侧，默认包含"图层""通道""路径""颜色"等不同的功能面板，可以完成设置图层、创建、保存、管理通道、填充颜色等操作。

状态栏位于界面的底部，可显示当前图像文档的基本信息，如当前文件的缩放比例、文档大小、当前工具等。

一、菜单栏

Photoshop CC2019 的菜单栏包含"文件""编辑""图像""图层"等 11 个操作命令，如图 2-2 所示。

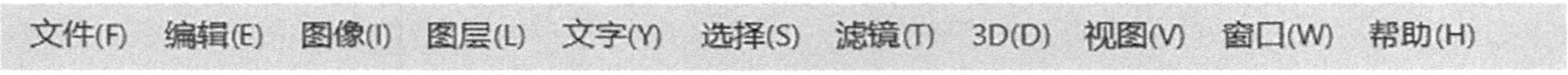

文件(F)　编辑(E)　图像(I)　图层(L)　文字(Y)　选择(S)　滤镜(T)　3D(D)　视图(V)　窗口(W)　帮助(H)

图 2-2　菜单栏

二、工具箱

Photoshop CC2019 的工具箱包括选择工具、绘图工具、填充工具、编辑工具、颜色工具、屏幕视图工具、快速蒙版工具等，如图 2-3 所示。要了解每个工具的具体名称，可以将光标放置在该工具的上方，此时界面会显示工具的具体名称及效果演示，如图 2-4 所示。工具名称后面括号中的英文字母，表示选择此工具的快捷键，只要按该键就可以快速切换到相应的工具。

Photoshop CC2019 的工具箱可以根据需要在工具栏的左侧进行单栏与双栏的切换，单击工具箱上方的双箭头图标，可将工具箱转换为单栏，如图 2-5 所示，当工具箱为双栏时，如图 2-6 所示。

部分工具图标的右下角有一个三角形按钮，表示还有隐藏的工具选项。用鼠标在工具箱中单击三角形按钮并按住鼠标不放，可弹出隐藏工具选项，如图 2-7 所示，将鼠标移动到需要的工具图标上并点击，即可选择该工具。

要恢复工具默认的设置，可以先选择该工具，然后在相应的工具属性栏中，用鼠标右键单击工具图标，在弹出的快捷菜单中选择"复位工具"命令，如图 2-8 所示。

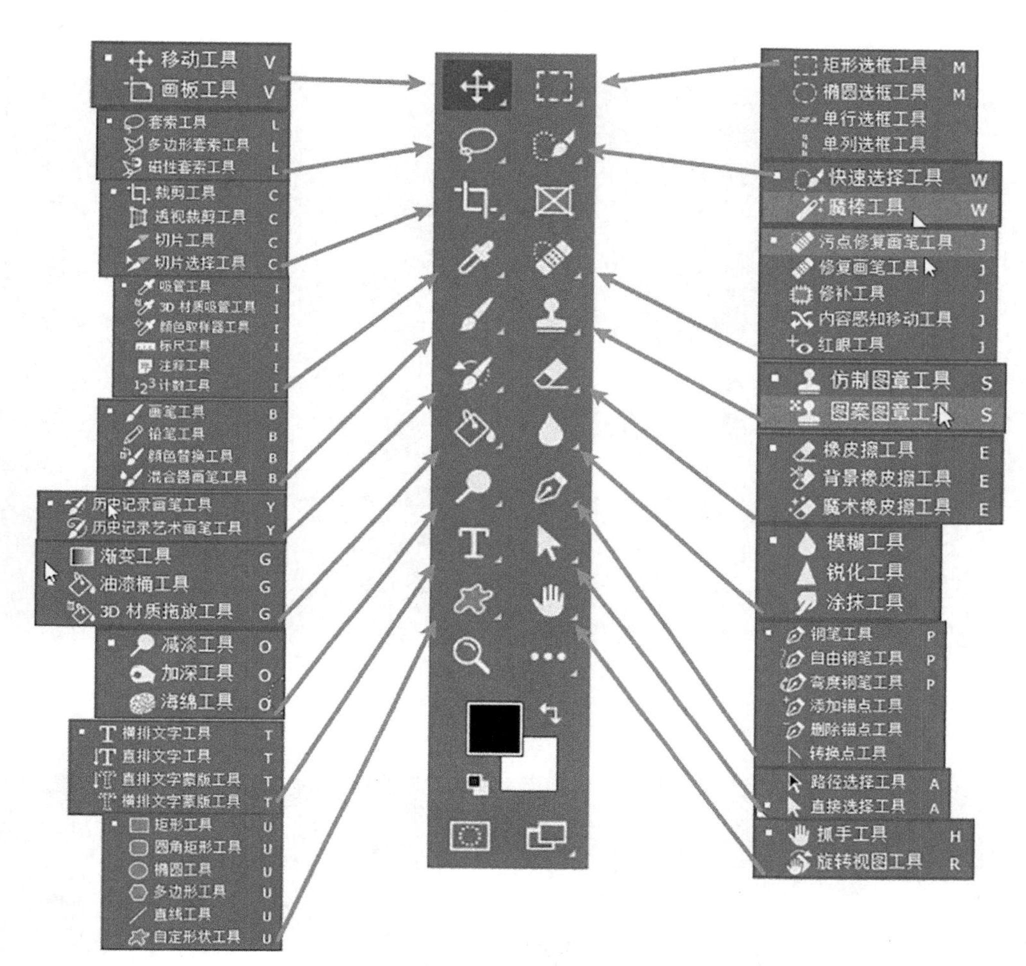

图 2-3　工具箱

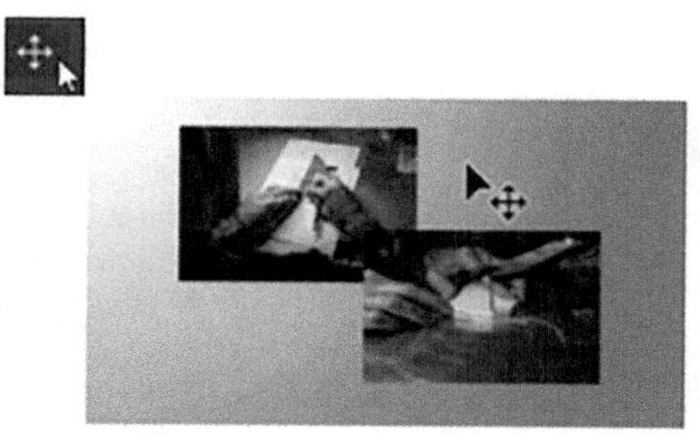

图 2-4　工具演示

图 2-5　单栏工具箱

图 2-6　双栏工具箱

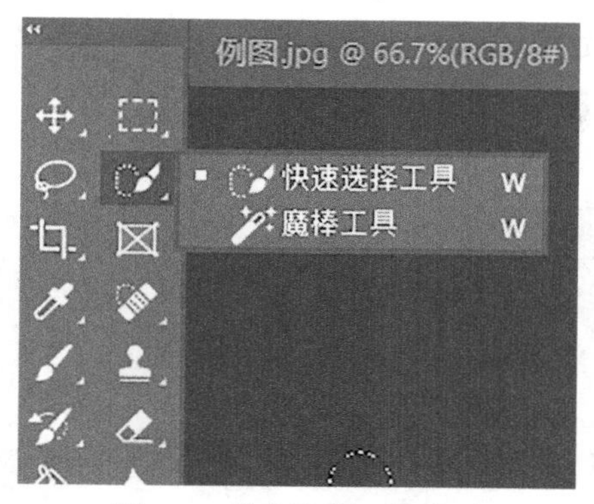

图 2-7 弹出隐藏工具选项

图 2-8 复位工具

选择工具箱中的工具后，光标就变为相应的工具图标。例如，选择“裁剪”工具时，图像窗口中的光标也会同时显示为裁剪工具的图标，如图 2-9 所示。

图 2-9 裁剪工具

选择“画笔”工具后，光标显示为画笔工具的对应图标，如图 2-10 所示。按下 CAPS LOCK 键，光标转换为精确的十字形图标，如图 2-11 所示。

图 2-10 画笔工具

图 2-11 光标变为十字形

三、属性栏

当选择某个工具后，会出现相应的工具属性栏。例如，当选择“魔棒”工具时，工作界面的上方会出现相应的魔棒工具属性栏，用户可以应用属性栏中的命令对工具做进一步的设置，如图 2-12 所示。

图 2-12 工具属性栏

四、状态栏

打开一幅图像时，该图像的下方会出现状态栏，如图 2-13 所示。

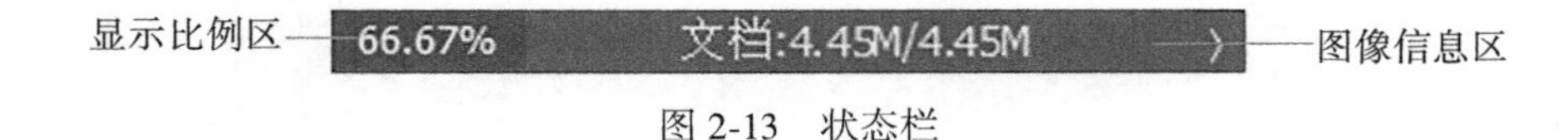

图 2-13 状态栏

状态栏的左侧显示当前图像缩放的百分比数，在显示区的文本框中输入数值可改变图像窗口的显示比例。

在状态栏中间部分显示当前图像的文件信息，单击其后的箭头图标，在弹出的快捷菜单中可以显示当前图像的更多相关信息，如图 2-14 所示。

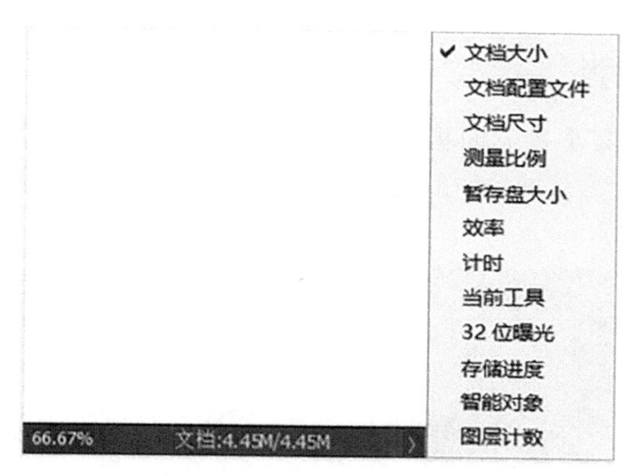

图 2-14 更多图像信息

五、控制面板

控制面板是处理图像时不可或缺的部分。Photoshop CC2019 为用户提供了多个控制面板。

（一）收缩与扩展控制面板

控制面板可以根据用户需要进行收缩或扩展。在控制面板的展开状态下单击上方的双箭头图标，可以将控制面板收起。如果要展开某个控制面板，可以直接单击其选项卡，相应的控制面板会自动弹出，如图 2-15 至图 2-17 所示。

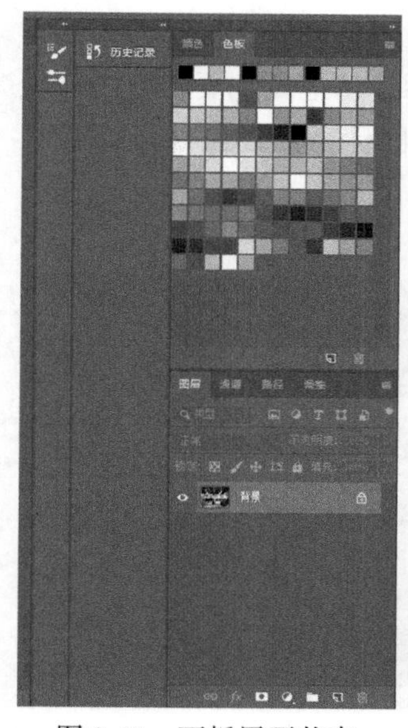

图 2-15 面板展开状态

图 2-16 收起面板

图 2-17 弹出指定面板

（二）拆分控制面板

若需要单独拆分出某个控制面板，可用鼠标选中该控制面板的选项卡并向工作区拖曳，如图 2-18 所示，此时，被选中的控制面板将被单独地拆分出来，如图 2-19 所示。

图 2-18　选中并拖曳控制面板

图 2-19　拆分控制面板

（三）组合控制面板

用户可以根据需要将两个或多个控制面板组合到一个面板组中，以节省操作界面的空间。要组合控制面板，可以选中外部控制面板的选项卡，用鼠标将其拖曳到要组合的面板组中，面板组周围出现蓝色的边框，如图 2-20 所示，此时释放鼠标，该控制面板将被组合到面板组中，如图 2-21 所示。

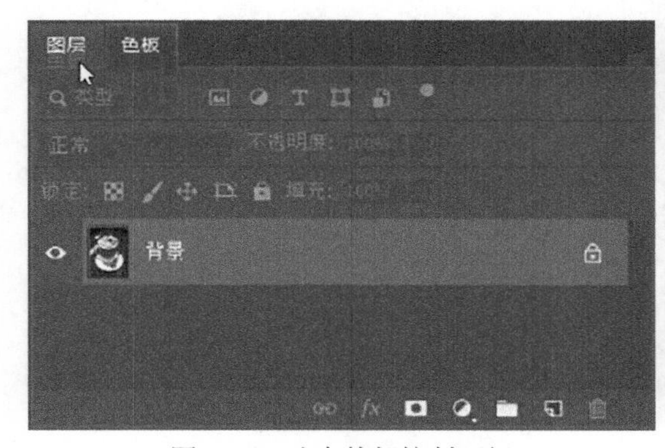

图 2-20　选中外部控制面板

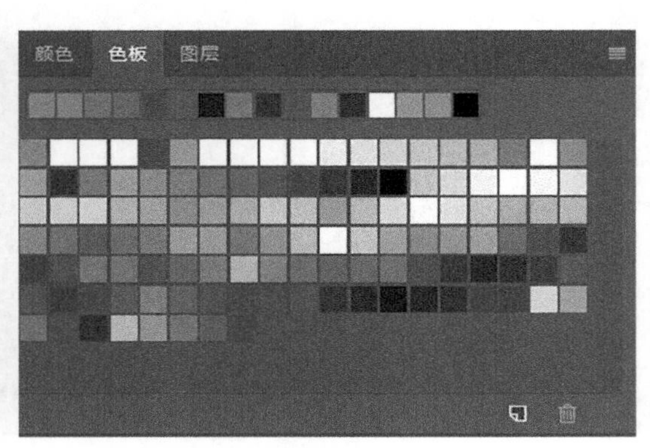

图 2-21　组合控制面板

（四）控制面板弹出式菜单

单击控制面板右上方的图标，将弹出相关命令菜单，应用这些命令可以提高控制面板的功能性，如图 2-22 所示。

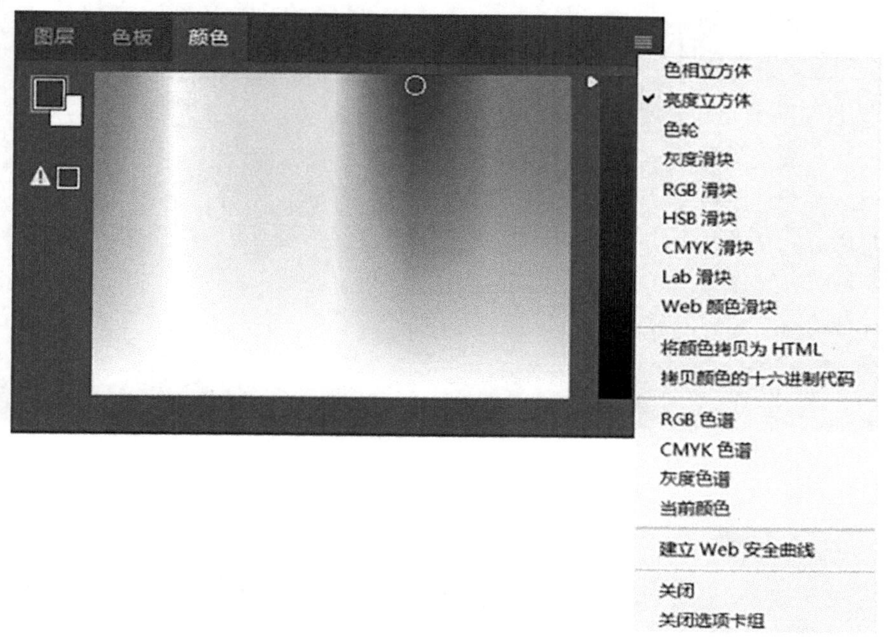

图 2-22　控制面板的相关命令菜单

（五）隐藏与显示控制面板

按 Tab 键可以隐藏工具箱和控制面板，再次按 Tab 键，可以显示出隐藏的部分。按 Shift+Tab 组合键，可以只隐藏控制面板；再次按 Shift+Tab 组合键，可以显示出隐藏的部分。

第二节　新建和打开图像

一、新建图像

选择“文件”→“新建”命令，或按 Ctrl+N 组合键，在弹出的“新建”对话框中可以设置新建图像的名称、宽度和高度、分辨率、颜色模式等选项，如图 2-23 所示，设置完成后单击“确定”按钮，即可完成新建图像，如图 2-24 所示。

图 2-23　“新建”对话框

图 2-24　完成新建图像

二、打开图像

如果要对照片或图片进行处理，就要在 Photoshop CC2019 中先打开图像。

选择“文件”→“打开”命令，或按 Ctrl+O 组合键，在弹出的“打开”对话框中搜索路径和文件，并确认文件类型和名称，可通过 Photoshop CC2019 提供的预览图标来选择文件，如图 2-25 所示，然后单击“打开”按钮，或者直接双击文件，即可打开所指定的图像文件，如图 2-26 所示。

图 2-25　选择文件

图 2-26　打开图像文件

第三节 保存和关闭图像

一、保存图像

编辑和制作图像后，就需要将图像保存，以便于下次打开继续操作。

选择“文件”→“存储”命令，或按 Ctrl+S 组合键，可以存储文件。当设计好的作品进行第一次存储时，选择“文件”→“存储”命令，将弹出“存储为”对话框，如图 2-27 所示，在对话框中输入文件名并选择文件格式后，单击“保存”按钮，即可将图像保存。

当对已存储过的图像文件进行各种编辑操作后，计算机会直接保存最终确认的图像并覆盖原始文件。

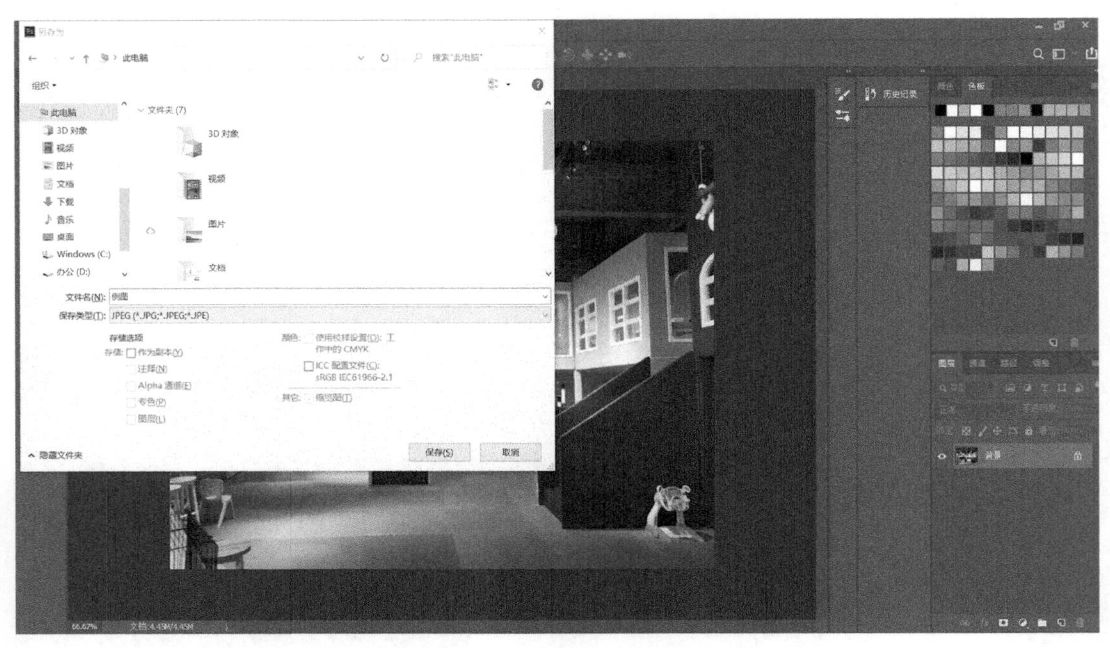

图 2-27 “存储为”对话框

二、关闭图像

图像存储完毕后，可以选择将其关闭。选择“文件”→“关闭”命令，或按 Ctrl+W 组合键，即可关闭文件。关闭图像时，若当前文件被修改过或为新建文件，则会弹出提示框，如图 2-28 所示，单击“是”按钮即可存储并关闭图像。

图 2-28　关闭图像

第四节　裁 剪 图 像

在日常生活中，人们经常会使用剪刀裁剪纸张或布匹的多余部分，留下需要的部分。同样地，在 Photoshop 中，利用裁剪工具以及其他操作可以对画布与图像的多余部分进行裁剪。本节将详细介绍裁剪图像的具体操作。

一、裁剪工具

(一) 裁剪工具属性栏

单击工具栏中的按钮，或者按 C 键，即可选中裁剪工具，此时属性栏会切换为裁剪工具属性栏，如图 2-29 所示。

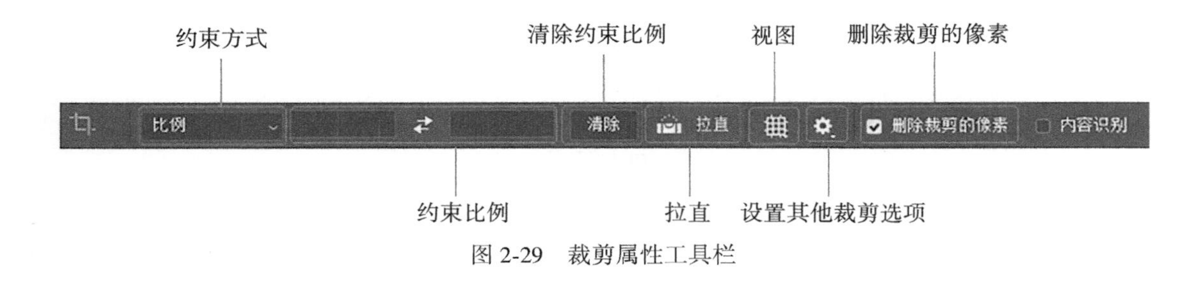

图 2-29　裁剪属性工具栏

(1) 约束方式：单击“比例”后面的按钮，在下拉列表中可以选择需要的约束方式，如图 2-30 所示。选择某个比例后，可以在属性设置中设置相关参数，然后在画布中进行操作，裁剪区域定义完成后，单击属性栏后方的 ✓ 按钮即可完成裁切，如果要取消裁剪，单击 ⊘ 按钮即可。

图 2-30　约束方式

(2) 在约束比例输入框中输入数值，画布中会出现相应的裁剪范围定界框，然后单击后方的 ✓ 按钮即可。

(3) 清除约束比例：单击 清除 按钮，即可清除约束比例输入框中的数值。

(4) 拉直：通过在图像上画一条直线来拉直图像。

(5) 视图：单击 ▦ 图标，在下拉列表中可以选择视图模式，如图 2-31 所示。一般情况下，使用默认视图即可。

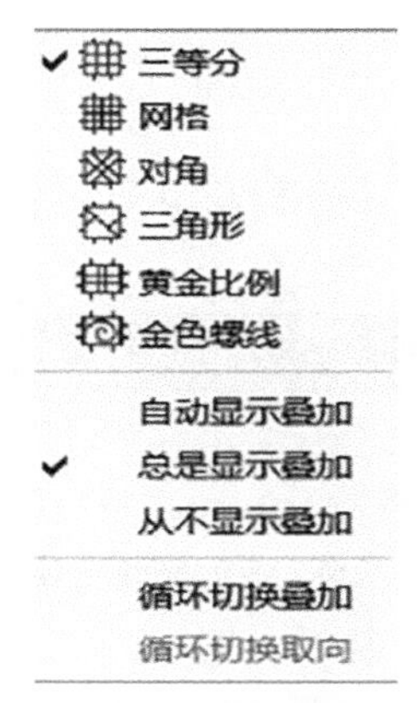

图 2-31　选择视图模式

(6)删除裁剪的像素：勾选此属性前的复选框，裁剪掉的内容将被删除；若不勾选，裁剪掉的部分将被隐藏，若需要还原图像，再次使用裁剪工具并单击画布，即可看到原文档。

(二)裁切图像

前面介绍了裁剪工具属性栏中的各种设置栏目，下面将详细讲解裁剪工具的具体使用方法。

1. 方法一

选中裁剪工具，画布四周即可出现裁剪框，如图 2-32 所示。将鼠标放在裁剪框上，按住鼠标左键并拖动，即可裁剪图像。

图 2-32　裁剪框

裁剪工具不仅可以裁切掉不需要的部分，还可以将图像扩大，如图 2-33 所示。将鼠标放在裁剪框的任意一个角上，按住鼠标左键的同时向外拖动，即可将图像扩大，此时出现的透明区域即为扩大的部分，可以通过填充操作为此透明区域填充颜色。

2. 方法二

选中裁剪工具，将光标放在裁剪框内，按住鼠标左键并拖动，即可调整被裁剪的区域，如图 2-34 所示。调整完成后单击属性栏后方的 ✓ 按钮，或按 Enter 键，即可完成裁剪。

3. 方法三

选中裁剪工具，按住鼠标左键在图像上绘制出裁剪区域，松开鼠标左键后，裁剪框区域内的图像为要保留的部分，如图 2-35 所示。裁剪框绘制完成后，将光标放在其边缘上，按住鼠标左键并拖动，即可更改裁剪框的大小。

图 2-33　扩大图像

图 2-34　调整裁剪区域

图 2-35　要保留的部分

二、“裁剪”命令

使用裁剪工具对图像进行裁剪时，还可以结合选区，通过执行“裁剪”命令，对图像进行裁剪。

选中矩形选框工具，将光标放在画布中，按住鼠标左键并拖动，即可绘制矩形选区，如图2-36所示，然后执行“图像”→“裁剪”命令，即可将选区外的图像裁剪掉，如图2-37所示。

图2-36 矩形选区

图2-37 完成裁剪

三、“裁切”命令

“裁切”命令是基于图像的颜色进行裁切的，打开一张四周带有明显留白的图像，执行“图像”→“裁切”命令，会弹出“裁切”窗口，如图2-38所示，再选择“左上角像素颜色”单选项，裁切顶、底、左、右4个方向的图像，单击“确定”按钮即可，如图2-39所示。

图2-38 裁切窗口

图2-39 完成裁切

第五节　变换与变形

在 Photoshop 中提供了多种用于变形与变换的工具，单击“编辑”下拉选项，会出现“变换”“自由变换”“操控变形”等命令，可以对图像进行缩放、旋转、斜切、扭曲、透视、变形等操作，如图 2-40 所示。本节将详细介绍这些命令的使用方法。

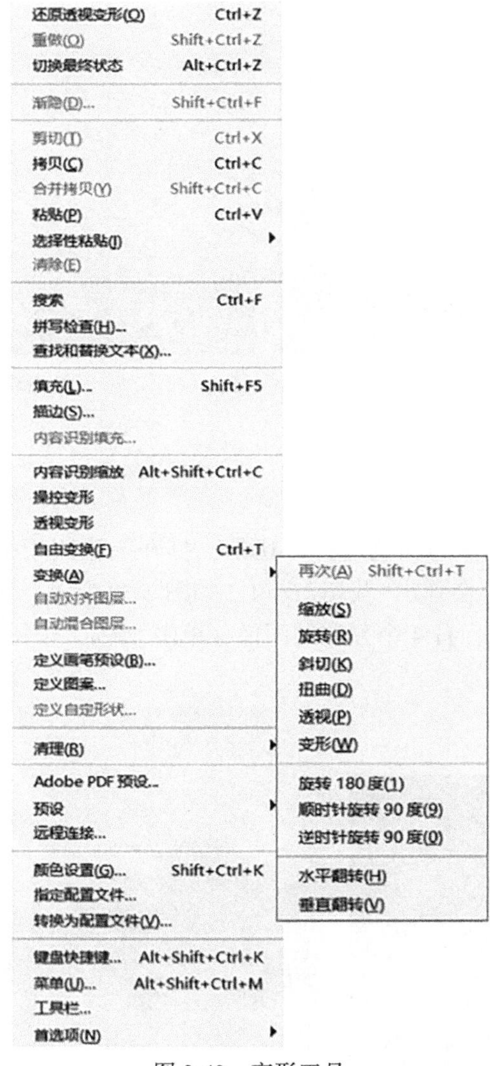

图 2-40　变形工具

一、“变换”命令

选中某一个图层，执行“编辑”→“变换”命令，当鼠标放在“变换”选项中，会自动调出下级菜单，在此二级菜单中任选一项变换形式，所选图层的图像边缘将出现变换定界框，定界框中心有一中心点，四周有控制点。将光标移动到定界框上，按住鼠标左键并拖动，即可对图像进行相应样式的变换，如图 2-41 所示。

图 2-41　进行样式变换

需要注意的是，定界框中心点默认为中心位置，各种变换操作都是以此为中心。将光标放在中心点的上方位置，按住鼠标左键可以拖动中心点，中心点改变后，变换操作的中心也会改变，如图 2-42 所示。

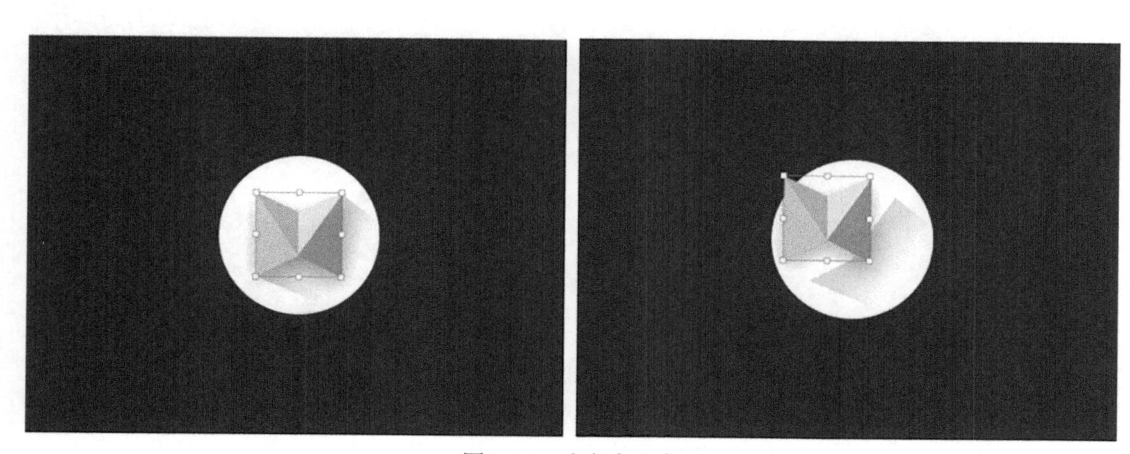

图 2-42　改变中心点

(一)缩放

选中需要缩放的图层，执行“编辑”→“变换”→“缩放”命令，将光标放在变换界定框的任意一条边上，按住鼠标左键并拖曳，即可对选中图像进行缩放操作，这种操作会改变图像的长宽比例，导致图像变形，如图 2-43 所示。将光标放在变换界定框的任意一个角上，按住鼠标左键并拖动，即可以同时缩放两个相交轴向，这种缩放操作也会导致图像变形，如图 2-44 所示。

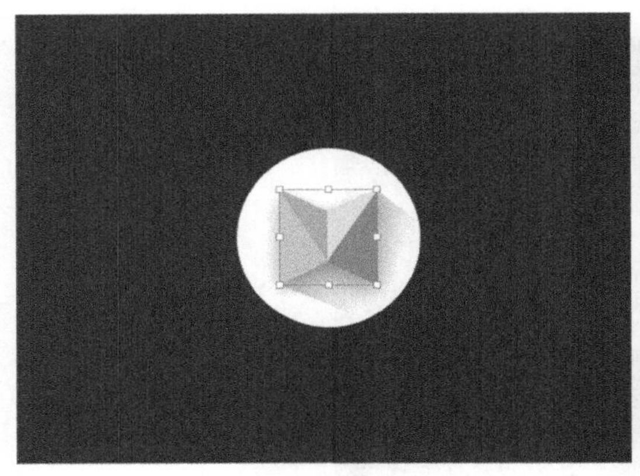

图 2-43　缩放 1

图 2-44　缩放 2

在 Photoshop 中缩放图像时，往常要求图片不能发生变形。首先将光标放在界定框的任意一个角上，按住 Shift 键的同时按住鼠标左键并拖动，即可等比例缩放图像，如图 2-45 所示。

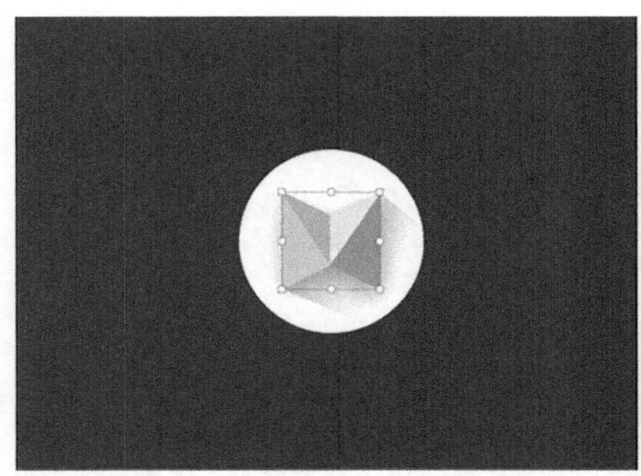

图 2-45　等比例缩放图像

按住 Shift+Alt 组合键，然后将光标放在变换定界框的任意一个角上，按住鼠标左键拖动，可以对图像进行以中心点为基准的等比例缩放。

如果需要精准缩放，选中"缩放"命令后，在属性栏中输入数值即可，如图 2-46 所示。单击两个值中间的按钮，然后在"百分比参数"中输入数值，即可对图像进行精准的等比例缩放操作。

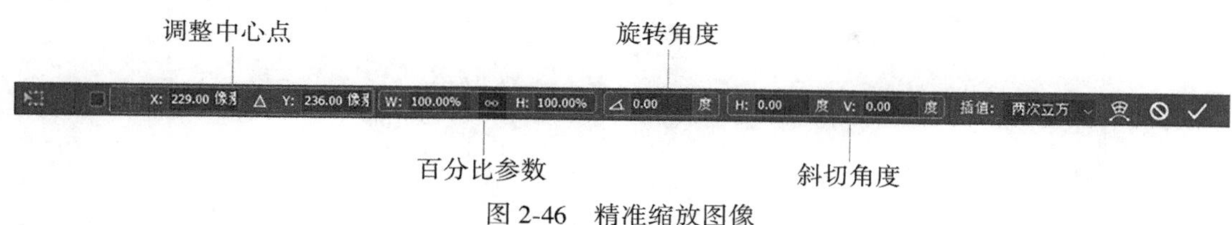

图 2-46　精准缩放图像

（二）旋转

选中需要旋转的图层，执行“编辑”→“变换”→“旋转”命令，将光标放在变换定界框以外的位置，此时光标变为形状。按住鼠标左键并拖动，即可旋转图像，如图 2-47 所示。

图 2-47　旋转图像

如果要精准旋转，可以在属性栏中的“旋转角度”输入框中输入具体的角度值。

（三）斜切

选中需要斜切的图层，执行“编辑”→“变换”→“斜切”命令，将光标放在定界框上，此时光标变为形状，按住鼠标左键并拖动，即可对图像进行斜切操作，如图 2-48 所示。除此以外，还可将光标放在定界框的定界点上，按住鼠标左键并拖动，即可对图像进行斜切操作，如图 2-49 所示。

需要注意的是，斜切只能在水平或垂直方向上对图像进行斜切操作，如果需要在更多的方向上对图像进行操作，可以选择“扭曲”命令。

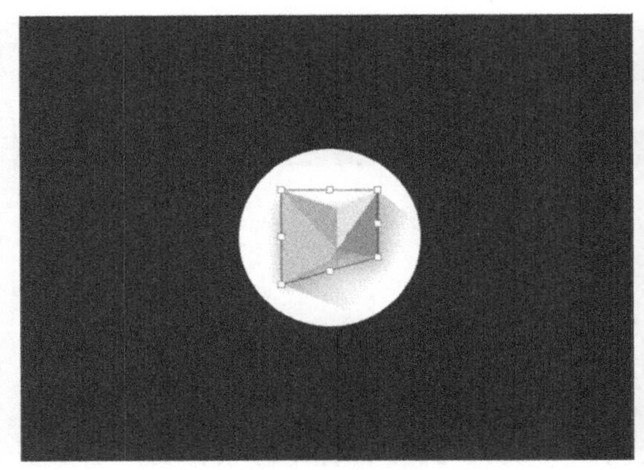

图 2-48 斜切 1

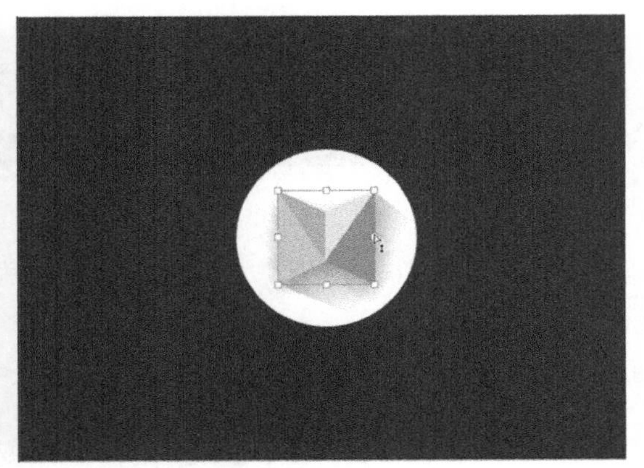

图 2-49 斜切 2

(四)扭曲

选中需要扭曲的图层，执行“编辑”→“变换”→“扭曲”命令，将光标放在定界框或定界点上，按住鼠标左键并拖动即可，如图 2-50 所示。“扭曲”操作可以在任意方向上进行，如图 2-51 所示。

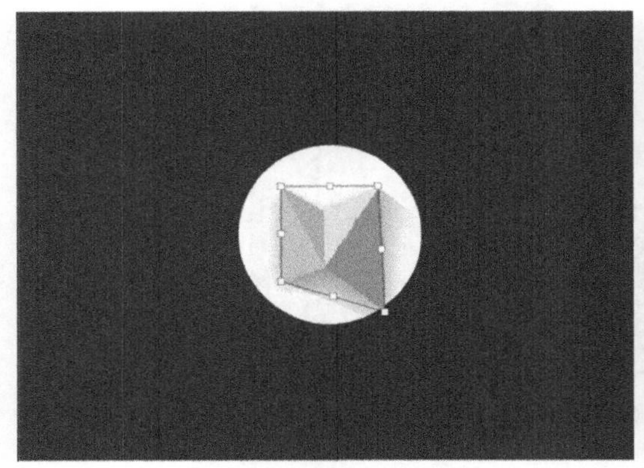

图 2-50 扭曲 1

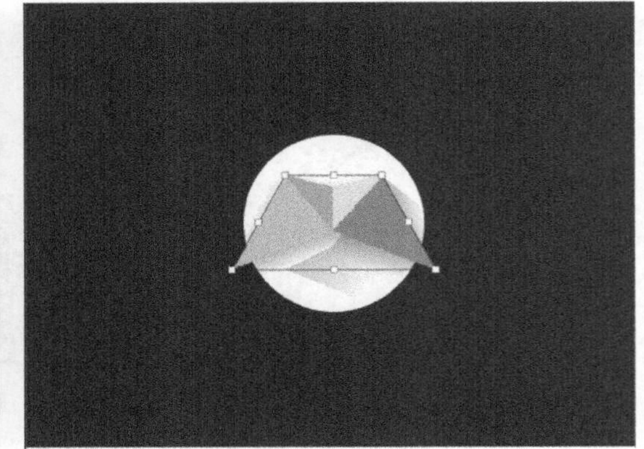

图 2-51 扭曲 2

(五)透视

透视效果是由视觉引起的近大远小的差异。选中需要透视操作的图层，执行“编辑”→“变换”→“透视”命令，按住鼠标左键并拖曳定界框上的 4 个控制点，可以在水平或垂直方向上对图像进行透视变换。

(六)变形

选中需要变形的图层，执行“编辑”→“变换”→“变形”命令，图像上将会出现变形网格和锚点，拖曳锚点或调整锚点的方向，即可对图像进行变形操作，如图 2-52 所示。

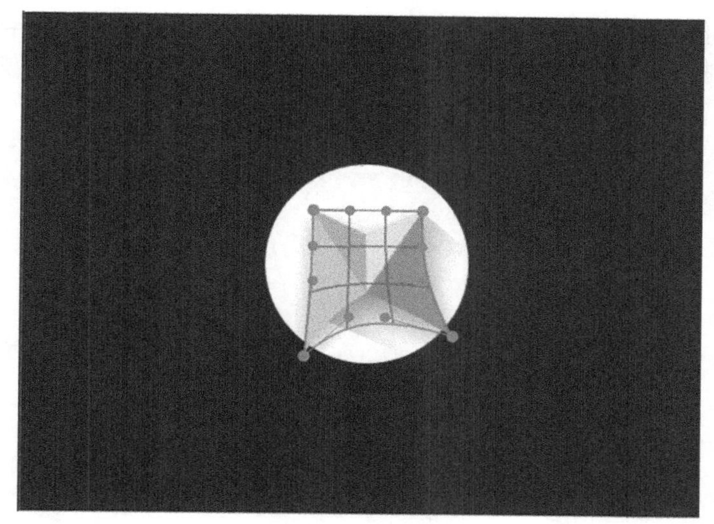

图 2-52　变形

（七）其他变换

执行“编辑”→“变换”命令，可以在右侧扩展菜单中选择“旋转 180 度”“顺时针旋转 90 度”与“逆时针旋转 90 度”，即可将预设好的旋转角度直接运用于图像中。

除了以上选项，还可以选择“水平旋转”和“垂直翻转”。“水平翻转”是将图像以 Y 轴为对称轴进行翻转，“垂直翻转”是将图像以 X 轴为对称轴进行翻转，如图 2-53 所示。

图 2-53　旋转

二、“自由变换”命令

除了执行以上“变换”命令对图像进行变形操作外，通过“自由变换”命令也可以调整图像。执行“编辑”→“自由变换”命令，或按 Ctrl+T 组合键，即可对图像进行变形操作。

(一)初始状态下的变换操作

在不选择任何变换方式和不按任何快捷键的情况下，将光标放在定界框的 4 条边上，按住鼠标左键并拖动时，可以对图像进行缩放操作，如果将光标放在 4 个控制点上，按住鼠标左键并拖动，则可以同时缩放两个相交的轴向，如图 2-54 所示。

图 2-54　缩放图像

将光标放在定界框外，按住鼠标左键并拖动，即可旋转图像，如图 2-55 所示。

图 2-55　旋转图像

（二）选中某一项变换操作

按 Ctrl+T 组合键调出变换定界框后，单击鼠标右键，在弹出的快捷菜单中可以选择具体的变换方式，如图 2-56 所示。此操作与“变换”选项后的各种具体变换方式相同。

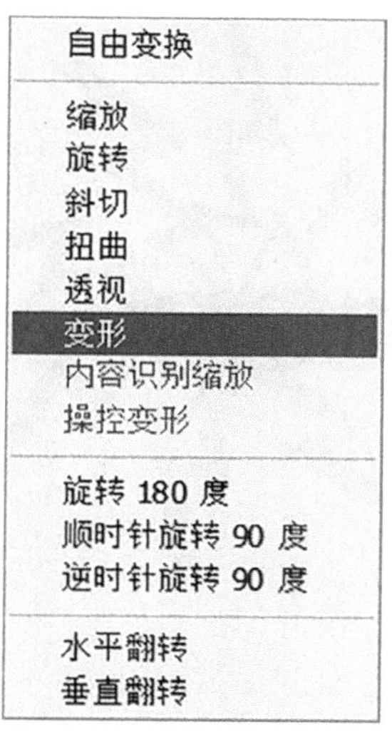

图 2-56　选择变换方式

（三）使用“自由变换”复制图像

在 Photoshop 中可以使用“自由变换”命令来复制图像，这一组图像会延续第一次变换操作的相关设置，从而实现某种特殊效果。

选中需要复制的图层，按下 Ctrl+Alt+T 组合键，然后执行需要的变换操作，按 Enter 键完成变换，此时“图层”面板中会自动新增一个图层上的图像为变换后的图像，如图 2-57 所示。以图 2-57 为原始图像，按 Ctrl+Alt+T 组合键执行变换操作，再按住 Alt 键并将中心点移动到定界框底边的中点，将图片旋转 30 度后，再按 Enter 键完成变换，如图2-58 所示。

图 2-57　自由变换复制 1

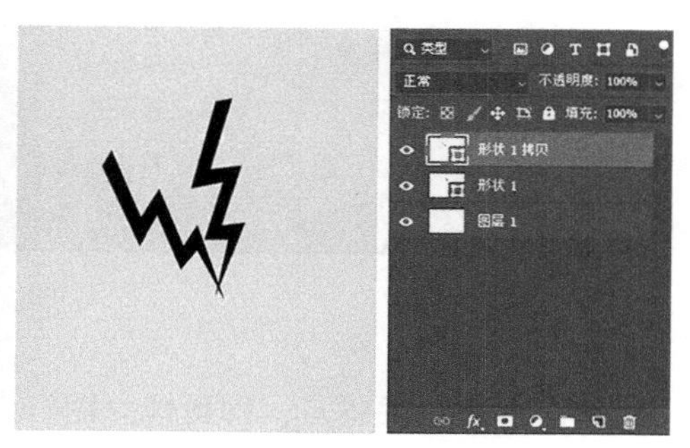

图 2-58　自由变换复制 2

按 Shift+Ctrl+Alt+T 组合键，可以连续复制该变换操作控制下的图像，如图 2-59 所示。

图 2-59　连续复制

三、“操控变形”命令

使用 Photoshop 中的“操控变形”命令，可以对图像的形态进行细微调整。打开一张鲸鱼的图像，选中鲸鱼图层，执行“编辑”→“操控变形”命令，图像上会布满网格，如图 2-60所示。

图 2-60　建立网格

单击网格的关键点，即可建立图钉。按住鼠标左键并拖动图钉，可以使对应位置的图像发生变形。另外，如果要使图像中的某些部位不被影响，就在这些部位添加图钉，可以起到固定的作用，如图 2-61 所示。

图 2-61　添加图钉

如果要删除图钉，可先将光标放在需要删除的图钉上，按 Delete 键，或单击鼠标右键并在弹出的快捷菜单中选择“删除该图钉”命令即可。

第六节　撤销操作

在 Photoshop 中绘制图像时，可以撤销某些操作。本节将详细讲解撤销的有关知识。

一、还原与重做

执行“编辑”→“还原”命令，或按 Ctrl+Z 组合键，可以撤销最近一步的操作，如图 2-62所示。执行该命令时，选项栏中会提示上一步的具体操作，如“还原新建文字图层”等。需要注意的是，此项操作只能还原上一步，不能还原多步操作。

还原新建文字图层(O)	Ctrl+Z
重做转换为智能对象(O)	Shift+Ctrl+Z
切换最终状态	Alt+Ctrl+Z

图 2-62　撤销最近一步的操作

此外，执行“操作”→“重做”命令，可以取消还原操作，如图 2-63 所示。需要注意的是，“重做”命令需要在上一步为还原操作的前提下才能执行。

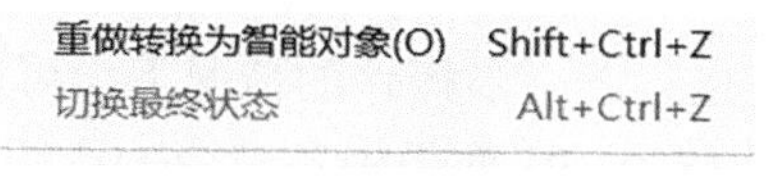

图 2-63　取消还原

二、多次撤销与恢复

在实际操作中，经常需要撤销前面几个步骤的操作，这时可连续执行“编辑”→“后退一步”命令，或连续按 Ctrl+Alt+Z 组合键，即可撤销多步操作。如连续执行“编辑”→“上进一步”命令，或连续按 Shift+Ctrl+Z 组合键，可以恢复多步被撤销的操作，如图 2-64 所示。

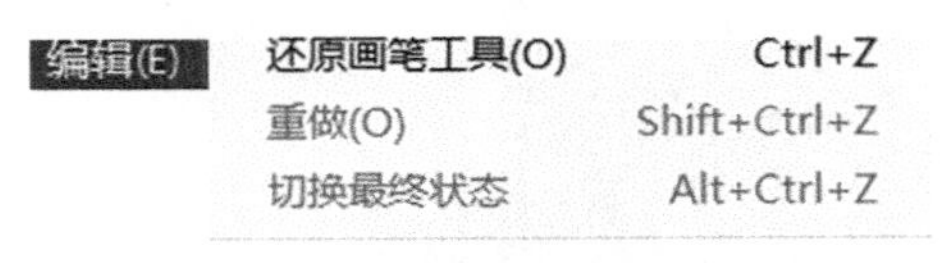

图 2-64 恢复操作

此外，执行“文件”→“恢复”命令，可以直接将文件恢复到最后一次保存时的状态，或返回到刚打开文件时的状态。

三、“历史记录”面板

执行“窗口”→“历史记录”命令，即可弹出“历史记录”面板，如图 2-65 所示，在默认面板状态下，“历史记录”面板的图标位于面板的左下方，单击该图标，即可调出“历史记录”面板。

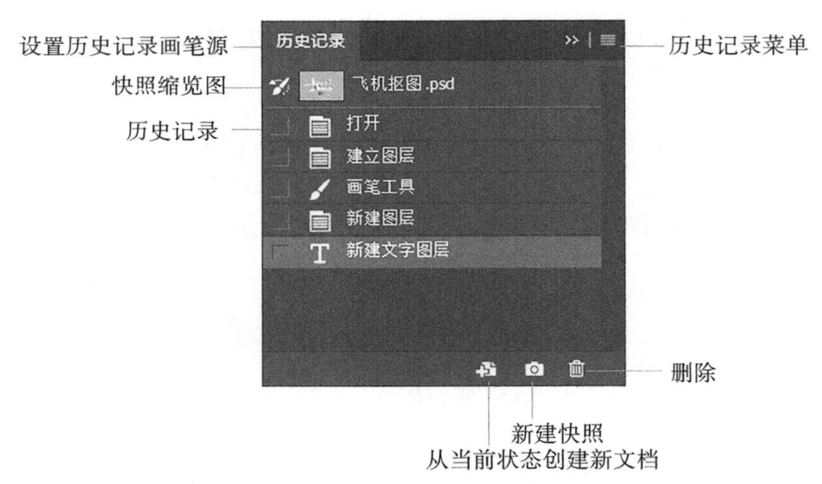

图 2-65 “历史记录”面板

在“历史记录”面板中记录了图像编辑的操作步骤，单击某一项操作记录，即可使图像回到该操作的状态，在没有进行下一步操作的情况下，可以使图像再回到此命令记录后的任意操作步骤时的状态。“历史记录”面板中各命令的作用如表 2-1 所示。

表 2-1 **“历史记录”面板中的各元素**

命 令	作 用
设置历史记录画笔源	代表打开或新建图像的原始状态

续表

命　令	作　　用
快照缩览图	被记录为快照的步骤所在的状态
历史记录	具体的操作步骤
从当前状态创建新文档	单击此按钮，其历史记录被清空，选中的步骤为第一步
新建快照	为当前图像的状态新建一个快照，以便可以随时返回该操作时的图像状态
删除	删除选中以及其后的所有操作
历史记录菜单	单击此按钮，可以在二级菜单中选择具体操作

第七节　辅 助 工 具

在 Photoshop 中，可以使用辅助工具来绘制图像，如软件提供的标尺与参考线功能，可用于准确定位，也能协助用户找到标准形状或选区的中心点。

执行"视图"→"标尺"命令，或按 Ctrl+R 组合键，在窗口顶部与左侧会出现标尺，如图 2-66 所示，再按 Ctrl+R 组合键可以将标尺隐藏。

图 2-66　标尺

将光标放在标尺上，按住鼠标左键并在垂直或水平方向上拖动，即可新建参考线，如图 2-67 所示。使用移动工具移动图层上的图像时，当图像接近参考线时，图像会自动吸附到参考线上。另外，新建参考线时，在鼠标拖动的过程中，参考线会自动吸附到中心点，有助于用户准确定位画布中心点或拖动形状图层的中心点。

图 2-67　新建参考线

若要移动参考线，只须选中移动工具，然后将光标置于参考线上，按住鼠标左键并拖动即可。若要删除某一条参考线，只须将该参考线拖到文档以外，松开鼠标即可。若要隐藏参考线，按 Ctrl+H 组合键即可，再按一次，则为取消隐藏。

第八节　显示文档操作

在 Photoshop 中，文档窗口的区域是固定的。在实际绘制图像的过程中，用户会经常对图像进行放大显示，以便更加精确地进行相关操作；有时也需要缩小显示，以便观察图像的整体效果。本节将详细讲解如何放大和缩小文档的显示区域以及如何调整文档画布的位置。

一、缩放文档显示大小

使用缩放工具可以调整文档的显示大小，在工具栏底部选中缩放工具，或按住 Z 键，在属性栏中选择放大选项或缩小选项，将光标放在画布中，单击鼠标左键，即可放大或缩小文档画布，如图 2-68 所示。

需要注意的是，使用缩放工具只是改变文档的显示大小，并不会改变文档画布的真实尺寸。在不勾选属性栏中的“细微缩放”的情况下，将光标放在画布中，按住鼠标左键并拖动，可以放大显示框选的区域，如图 2-69 所示。

二、抓手工具

在 Photoshop 中，画布并不是固定在文档窗口中的，使用抓手工具，可以调整画布在文档窗口中的位置。在工具栏中选中抓手工具，将鼠标放在文档画布中，按住鼠标左键并拖动，即可移动画布位置，如图 2-70 所示。

图 2-68　缩放文档画布

图 2-69　放大框选部分

图 2-70　移动画布

在使用其他工具进行图像编辑时，按 Space 键可以切换到抓手状态，此时再按住鼠标左键并拖动，也可移动文档中的画布。

第三章　色彩与色调

◎ 本章介绍：

本章对色彩调整与图像矫正的相关内容进行了详细讲解。通过对本章的学习，可以掌握色彩调整的相关操作，如颜色与色调调整的技巧、反相与渐变映射命令的使用等。

第一节　图像基础知识

在日常生活中，人们经常要与各种图片打交道，这些图片的颜色、格式、体积和用途等都不尽相同。

一、常见图像格式

(1) PSD 格式：PSD 格式是 Photoshop 专用文件格式，能够支持从线图到 CMYK 的所有图像类型，但是在一些图形处理软件中没有得到很好的支持，所以，通用性不强。PSD 格式能够保存图像数据的细节部分，如图层、蒙版、通道等。但图像文件容量大，占用磁盘内存较大。

(2) JPEG 格式：JPEG 格式是 Photoshop CC2019 支持的一种文件格式，也是一种常用的存储格式，它可以提供优质照片质量的压缩格式。JPEG 格式是压缩率最高的，但它使用的有损压缩会丢失一些数据，保存后的图片品质会降低，用户可以在存储前选择图像的质量，控制数据的损失程度。

(3) GIF 格式：GIF 格式的图像文件容量较小，使用的压缩方式会将图像压缩得很小，一般这种格式的文件可以缩短图形的加载时间，传输速度非常快，有利于在互联网上传输，除此之外，它还可以支持以动画的方式存储图像。

(4) BMP 格式：BMP 格式最早应用于微软公司的操作系统，是一种 Windows 标准的位图图形文件格式。图像的质量较高，但文件体积也相对较大。

(5) PNG 格式：PNG 格式是主要用于无损压缩和在 Web 上显示图像的文件格式，它可以保存 24 位真彩图像，且能产生无锯齿状边缘的透明背景功能，它还可以支持无 Alpha

通道的 RGB、索引颜色、灰度和位图模式的图像。

(6) TIFF 格式：TIFF 格式便于在应用程序和计算机平台之间进行数据交换，是一种灵活的图像格式。这种图像格式是非破坏性的存储格式，占用的存储空间较大。一般用于出版印刷。

二、常见色彩模式

(1) CMYK 模式：CMYK 模式代表了印刷中常用的 4 种颜色通道，C 代表青色、M 代表洋红、Y 代表黄色、K 代表黑色。CMYK 模式是用来打印或印刷的模式，是在 Photoshop 中常用的一种颜色模式。

(2) RGB 模式：RGB 模式是 Photoshop 最常用的颜色模式，也被称为真彩颜色模式。在 RGB 模式下显示的图像质量最高，因此 RGB 模式成为 Photoshop 的默认模式，并且 Photoshop 中的许多效果都需要在 RGB 模式下才可以生效。在 Photoshop 中，RGB 颜色模式主要由 R（红色）、G（绿色）、B（蓝色）三种基本色相加进行配色，最后组成了红色、绿色、蓝色三种颜色通道。

(3) 灰度模式：灰度模式是由一种以单一色调表现图像的色彩模式。每个像素由 8 位或 16 位颜色表示，当一个彩色文件被转换为灰度模式文件时，其中所有的颜色信息都将丢失。

(4) 位图模式：位图模式是用黑色和白色来表现图像的，不包含灰度和其他颜色，因此它也被称为黑白图像。如果需要将一幅图像转换成位图模式，首先应将其转换成灰度模式。

(5) Lab 模式：Lab 模式是一种非常重要的模式，该模式的图像同样有 3 个通道，一个亮度通道 L 和两个颜色分量通道 a 和 b。Lab 模式是色域范围最广的颜色模式。

第二节　快速调整图像色彩

在 Photoshop 中，快速调整图像色彩的命令有很多，包括自动色调、自动对比度、自动颜色等，如图 3-1 所示。使用这些命令可以简单快捷地调整图像的色彩，调整图像中的色彩偏差或增加图像色彩的对比度。

一、自动色调

单击“图像”菜单，可以在下拉菜单中选择“自动色调”命令。选择此命令后，软件会自动识别图像中的阴影、中间调和高光，并重新调整图像的色调，增加颜色的对比度。

选择打开一张图像，原图如图 3-2 所示，执行“图像”→“自动色调”命令，图像将进行自动色调调整，调整后的图像效果如图 3-3 所示。

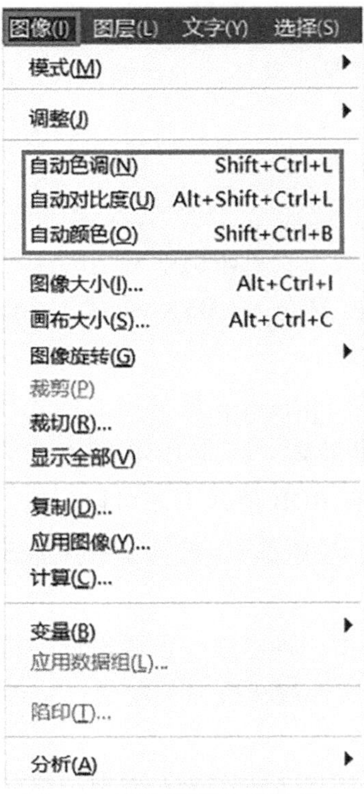

图 3-1　调整图像色彩的命令

图 3-2　原图 1

图 3-3　调整后的图像 1

二、自动对比度

单击“图像”菜单，可以在下拉菜单中选择“自动对比度”命令。选中该命令后，系统会自动对图像的对比度进行分析，并将黑白两种色调映射到图像中最亮和最暗的区域，从而增强图像的对比度，使图像中的亮部更亮、暗部更暗。

打开一张图像，原图如 3-4 所示，执行“图像”→“自动对比度”命令，调整后的图像效果如图 3-5 所示。

图 3-4　原图 2

图 3-5　调整后的图像 2

三、自动颜色

单击“图像”菜单，可以在下拉菜单中选择“自动颜色”命令。选中该命令后，软件会自动识别图像中的色相，并对图像中的色相进行自动调整，从而消除图像中的色偏。

打开一张图像，原图如图 3-6 所示，执行“图像”→“自动颜色”命令，调整后的图像效果如图 3-7 所示。

图 3-6　原图 3

图 3-7　调整后的图像 3

第三节　调整图像的明暗

在 Photoshop 中，可以通过相关命令调整图像的明暗对比，选择“图像”→“调整”命令，在下拉选项中可以选择“亮度/对比度”“色阶”“曲线”“曝光度”“阴影/高光”选项，如图 3-8 所示，这些选项都能调整图像的明暗关系。

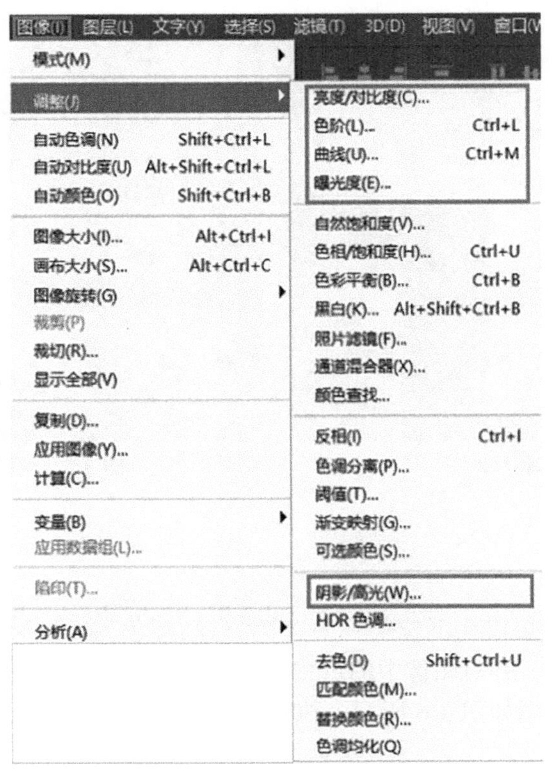

图 3-8 调整图像的明暗关系

一、亮度/对比度

“亮度/对比度”主要用来调整图像的整体亮度和对比度。执行“图像”→“调整”→“亮度/对比度”命令，在弹出“亮度/对比度”对话框中设置具体参数，如图 3-9 所示。

图 3-9 “亮度/对比度”对话框

“亮度”选项主要用来调整图像的整体亮度。数值为正值时，表示亮度增加，如图 3-10 所示；数值为负值时，表示亮度降低，如图 3-11 所示。

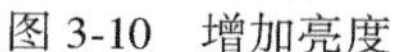

图 3-10　增加亮度

图 3-11　降低亮度

“对比度”选项用来调整图片明暗对比的强度。当数值为正时，图片的对比更加强烈，如图 3-12 所示；当数值为负时，图像的明暗对比会弱化，如图 3-13 所示。

图 3-12　对比度强烈

图 3-13　对比度弱化

要注意的是，调整图像的亮度和对比度后，就无法再次修改相关参数，但可以在新建的调整图层中再次编辑参数。先在“图层”面板下方选择“新建调整层”，在弹出的对话框中选择“亮度/对比度”之后，进入参数设置面板来调整相关参数，如图 3-14 所示。

二、色阶

“色阶”命令可以用来调整图像的中间调、阴影、高光的强度级别，使图像变亮和变暗；也可以通过选中某一通道，单独调整此通道的色调。

执行“图像”→“调整”→“色阶”命令，或按 Ctrl+L 组合键，即可打开“色阶”设置对话框，如图 3-15 所示。

图 3-14 调整图层亮度/对比度

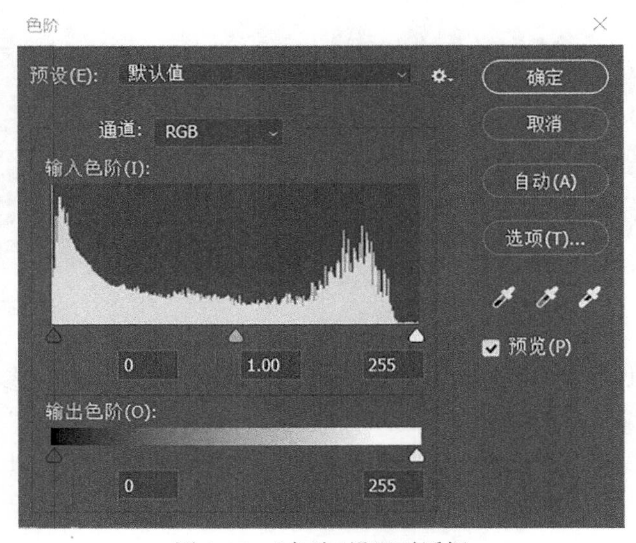

图 3-15 “色阶”设置对话框

单击“预设”选项右边的下拉按钮，在下拉列表中选择某种预设选项，即可给图像应用该预设效果，如图 3-16 所示。“默认值”即为未调整时的色阶参数，“自定”为自定义色阶参数，应用预设参数之后的图像如图 3-17 所示。

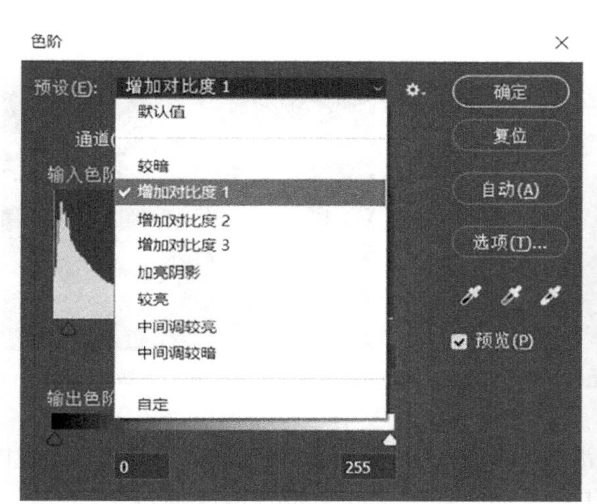

图 3-16　预设效果

图 3-17　应用预设参数之后的效果

单击“通道”选项右边的下拉按钮，可以在列表中选择“RGB”“红”“绿”“蓝”4 种通道中的任意一种，如图 3-18 所示。选中一种通道后，拖动“输入色阶”或“输出色阶”中的三角形滑块，即可调整当前通道的颜色，如图 3-19 所示。

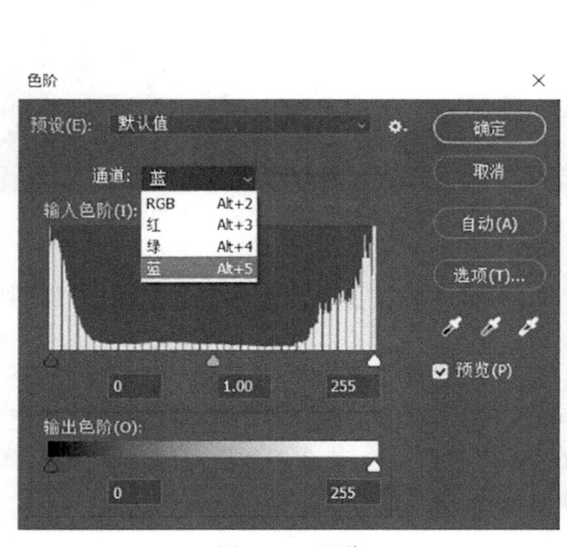

图 3-18　通道

图 3-19　调整颜色

在“输入色阶”选项底部有三个三角形滑块，分别代表高光(右侧滑块)、中间调(中间滑块)和阴影(左侧滑块)，如图 3-20 所示，通过向左、向右拖动三个滑块的位置或在输入框中输入数值，即可调整图片的明暗关系。如将滑块向左侧移动，图中亮部区域增加，如图 3-21 所示；如将滑块向右侧移动，图中暗部区域增加，如图 3-22 所示。

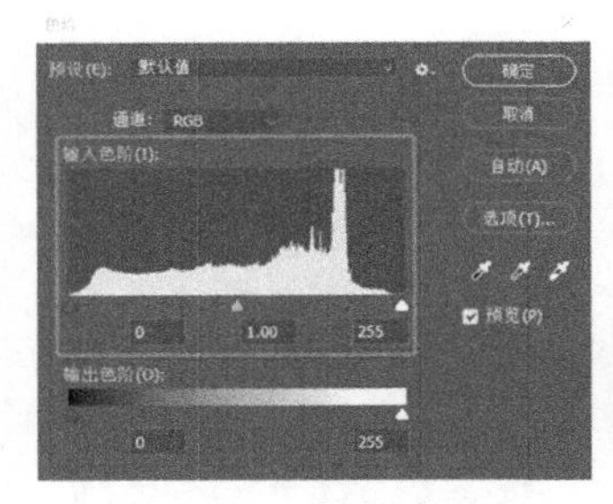

图 3-20　“输入色阶”

图 3-21　亮部区域增加

图 3-22　暗部区域增加

在“输出色阶”选项底部有两个三角形滑块，如图 3-23 所示，拖动滑块或在输入框中输入数值，即可调整图像的高光或阴影范围，从而降低对比度，如图 3-24 所示。

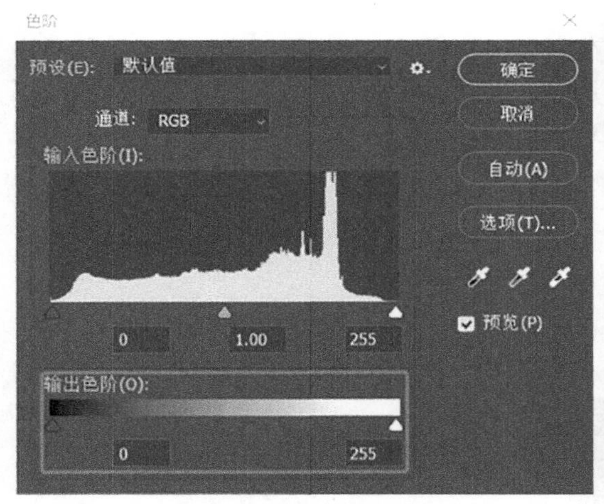

图 3-23　“输出色阶”

图 3-24　降低对比度后的效果

先选择图像，然后单击自动颜色按钮，Photoshop 可以自动调整图像的色阶，以达到矫正图像颜色的目的。

要注意的是，通过执行“图像”→“调整”→“色阶”命令来改变色彩时，无法对“色阶”中的参数进行重复编辑。如须再次调整，可在“图层”面板中选择“新建调整图层”按钮，再选择“色阶”，弹出“新建图层”对话框并命名为“色阶 1”，点击“确定”，弹出“色阶”属性对话框，如图 3-25 所示，再设置相关参数，如图 3-26 所示。

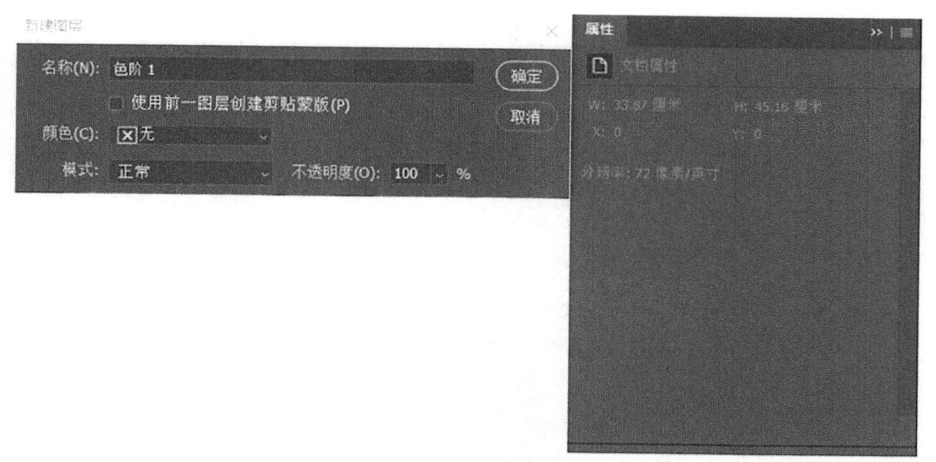

图 3-25　“色阶”属性对话框

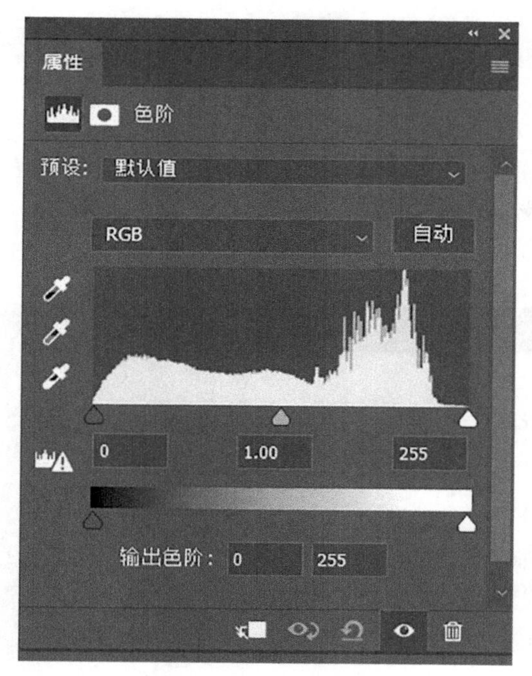

图 3-26　设置色阶参数

三、曲线

“曲线”命令与“色阶”的功能类似，也可以用来调整图像的明暗度。但是“曲线”的功能更加强大，可以调节每个控制点，从而精确地调整图像的明暗对比。

执行“图像”→“调整”→“曲线”命令，弹出“曲线”设置对话框，如图 3-27 所示。

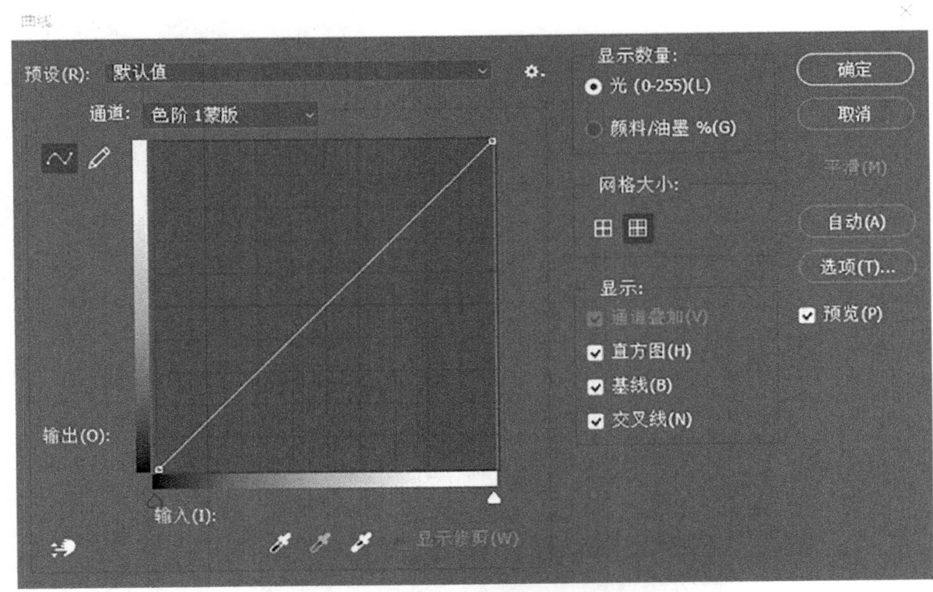

图 3-27　“曲线”对话框

单击“预设”选项右边下拉按钮，如图 3-28 所示，在下拉列表中选择某种预设选项，即可为图像应用该预设效果，如图 3-29 所示。

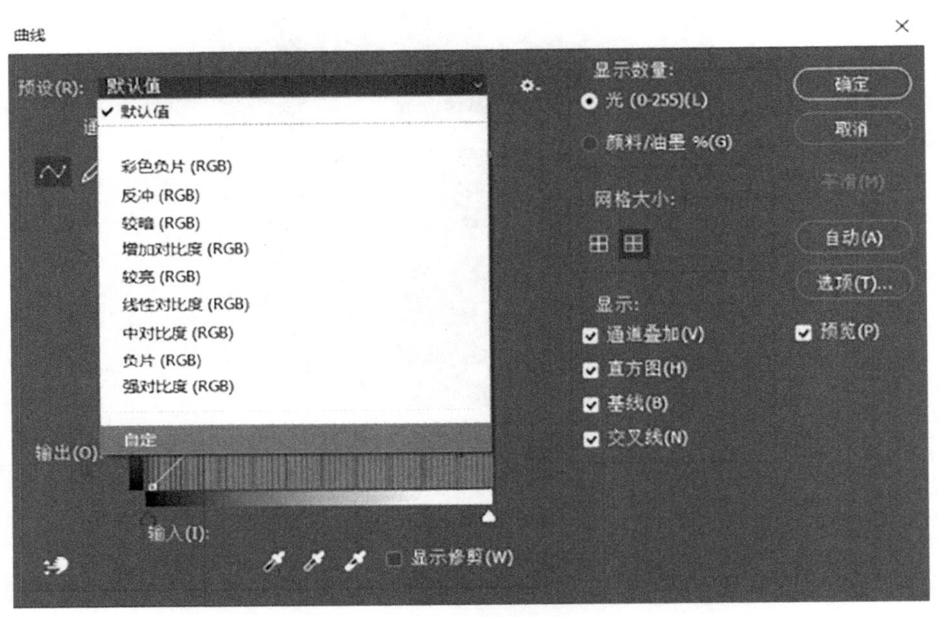

图 3-28　预设选项

图 3-29　调整图像为预设效果

单击“通道”选项右边的下拉菜单，会出现四种通道：“RGB”“红”“绿”“蓝”，任选其中一项，然后拖曳控制点即可改变曲线的形态，从而调整图像的色调，如图 3-30 所示。

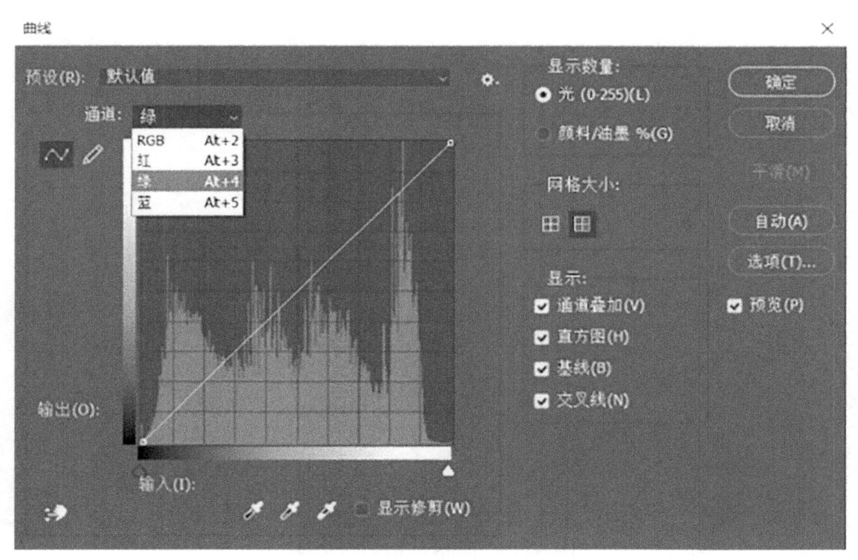

图 3-30　通过通道调整色调

单击按钮，再点击曲线以建立新的控制点，如图 3-31 所示，拖曳控制点可以改变曲线的形态，从而调整图像的色调，如图 3-32 所示。

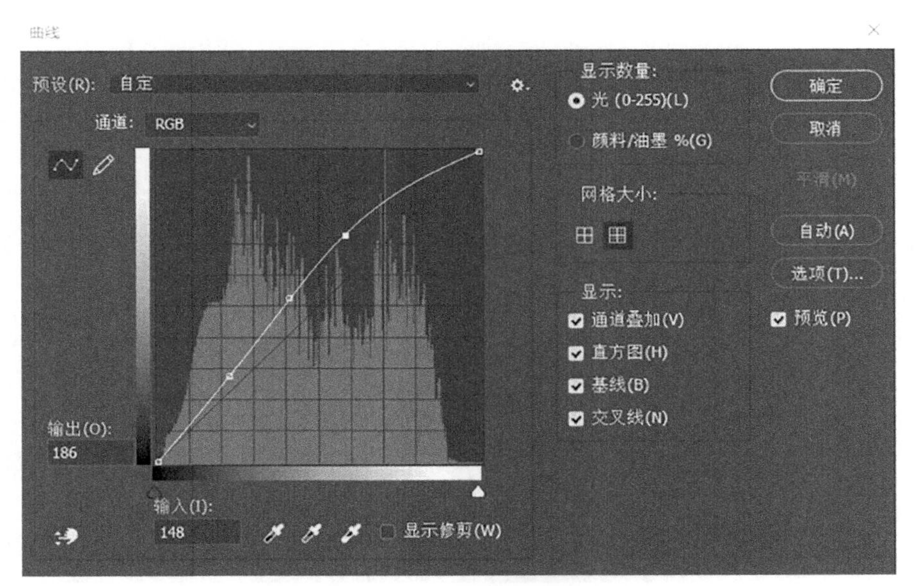

图 3-31　建立控制点

图 3-32　调整色调后的效果

单击按钮，然后将光标放在曲线上，按住鼠标左键并拖曳，即可绘制曲线，如图3-33所示；然后单击，即可显示所绘制曲线的控制点，如图 3-34 所示。

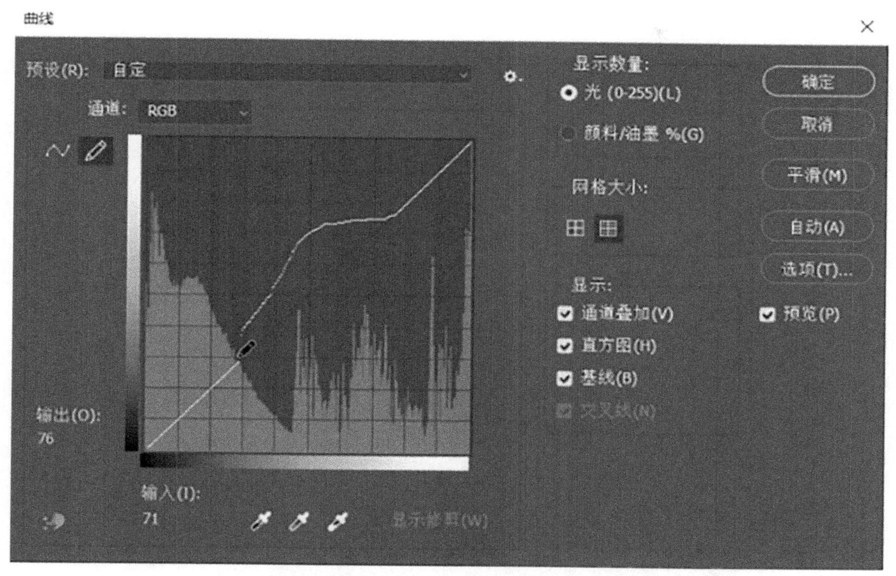

图 3-33　绘制曲线

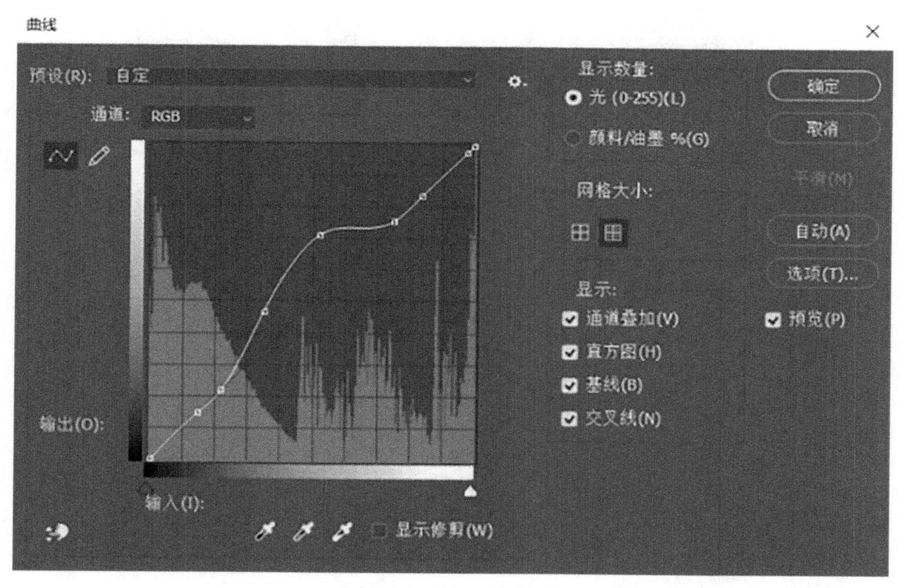

图 3-34　显示控制点

选中选项后，将光标放在图像中，此时光标变为吸管状，曲线上会出现小圆圈，在图像上单击并拖曳即可添加控制点，然后调整图像的色调，如图 3-35 所示。

在“输入/输出”选项中，“输入”代表默认的色调值，“输出”代表调整后的色调值，都可以按照实际需要进行调整，如图 3-36 所示。

图 3-35　拖动并修改曲线

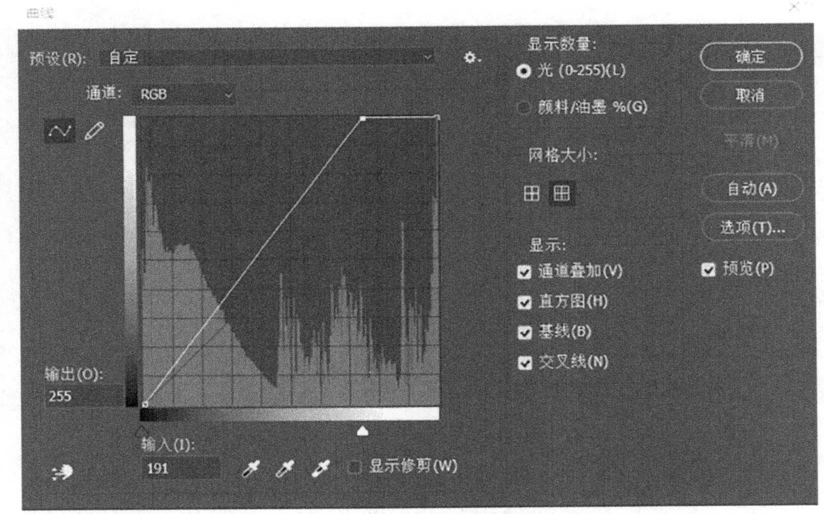

图 3-36　输入/输出

四、曝光度

拍摄照片时，可能会因为曝光过度而使图片偏白，如图 3-37 所示；或因曝光不足而使照片偏暗，如图 3-38 所示。使用 Photoshop 中的“曝光度”命令可以解决照片曝光过度和曝光不足的问题。

图 3-37　曝光过度

图 3-38　曝光不足

执行“图像”→“调整”→“曝光度”命令，弹出对话框，如图 3-39 所示。

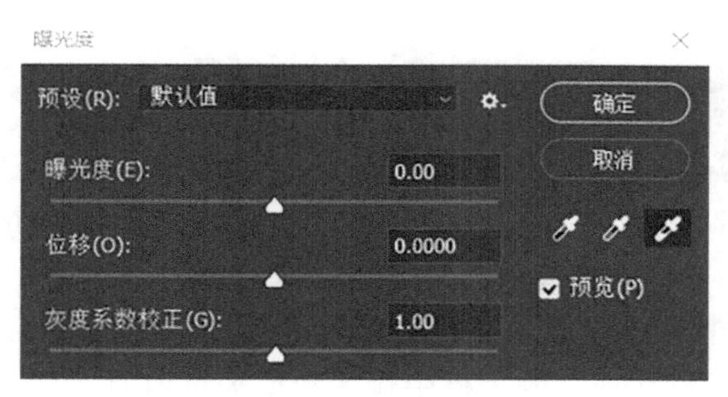

图 3-39

单击“预设”选项右边的下拉按钮，可以在下拉列表中选择“减 1. 0”“减 2. 0”“加 1. 0”“加 2. 0”，如图 3-40 所示。选择“减 1. 0”与“减 2. 0”选项可以减少曝光度，使图像变暗，效果如图 3-41 所示；选择“加 1. 0”与“加 2. 0”选项可以增加曝光度，使图像变亮，效果如图 3-42 所示。

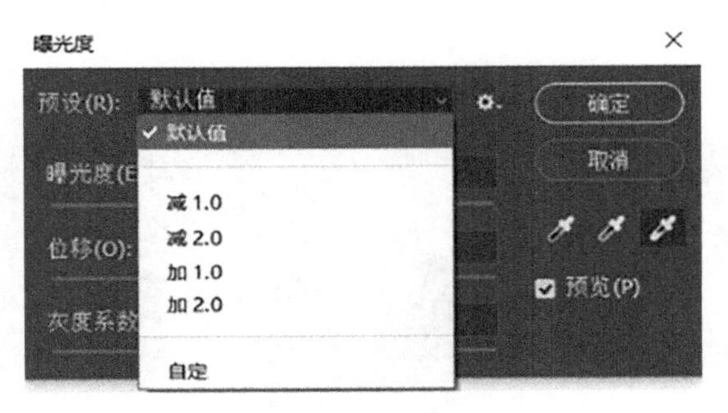

图 3-40　预设曝光度

图 3-41　减少曝光度

图 3-42　增加曝光度

在“曝光度”选项中，向右拖动滑块或在输入框中输入数值为正值时，可以增加图像的曝光度；向左拖动滑块或在输入框中输入数值为负值时，可以减少图像的曝光度。

在“位移”选项中，可以向左拖动滑块或在输入框中输入负值，也可以向右拖动滑块或在输入框中输入正值，该选项主要是用来调整阴影与中间调，对高光基本不产生影响。

在“灰度系数矫正”选项中，向左拖动时数值越来越大，向右拖动时数值越来越小，也可直接输入数值，图像的灰度也会随之发生变化，此操作可以调整图像的灰度系数。

第四节　调整图像的颜色

在 Photoshop 中，执行“文件”→“图像”→“调整”命令，在弹出的二级菜单中可以选择“自然饱和度”“色相/饱和度”“色彩平衡”“黑白”“照片滤镜”“通道混合器”“颜色查找”等命令，如图 3-43 所示，这些命令能调整图像的颜色。

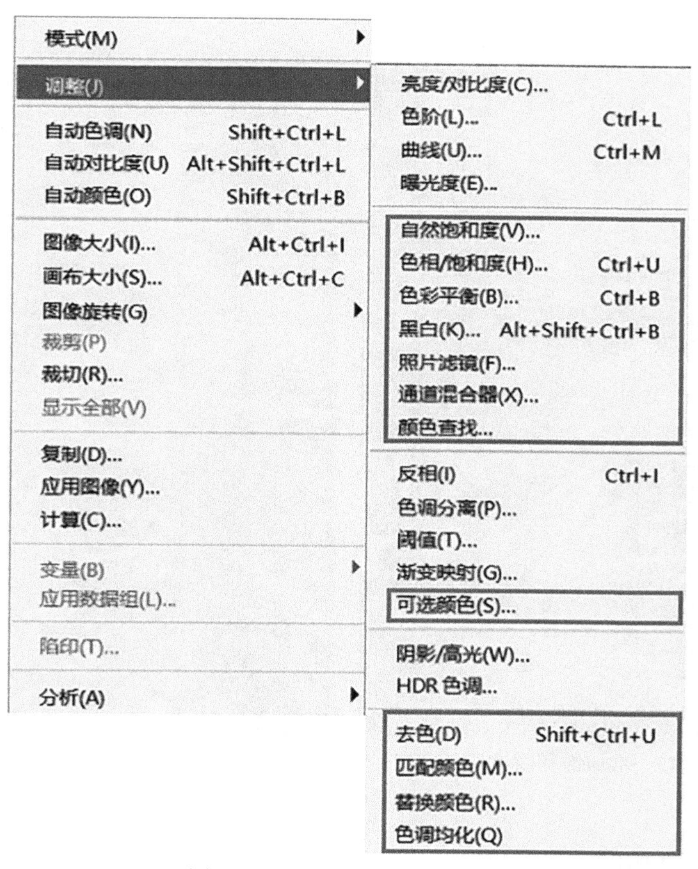

图 3-43　调整图像色彩的命令

一、自然饱和度

执行“图像”→“调整”→“自然饱和度”命令，可以在调整饱和度的同时，有效防止溢色现象，使图像达到理想效果。执行该命令后，可以在弹出的对话框中设置具体参数，如图 3-44 所示。

拖动“自然饱和度”选项下的三角形滑块或在输入框中输入数值，即可设置“自然饱和度”的参数。向右拖动滑块数值为正值或输入正值，可以增加颜色的饱和度，如图 3-45 所示；向左拖动滑块数值为负值或输入负值，可以减少颜色的饱和度，如图 3-46 所示。

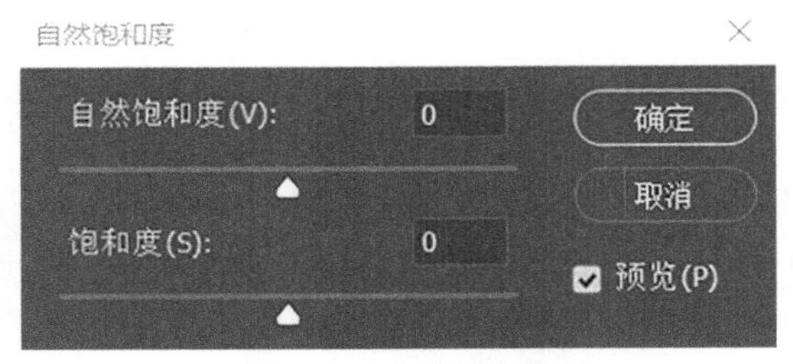

图 3-44　自然饱和度

图 3-45　增加饱和度

图 3-46　减少饱和度

二、色相/饱和度

在 Photoshop 中，使用“色相/饱和度”命令，可以调整整个图像或单独调整某一颜色的色相、饱和度与明度。

执行“图像”→“调整”→“色相/饱和度”命令，或按 Ctrl+U 组合键，可以在弹出的面板中设置“色相”“饱和度”“明度”相关参数，如图 3-47 所示。

在“预设”选项中，单击默认值栏目中的下拉按钮，可以在下拉列表中选择某一种预设选项，即可为图像应用该预设效果，如图 3-48 所示。

单击“通道”选项的下拉按钮，可以在下拉列表中选择“全图”“红色”“黄色”“绿色”“青色”“蓝色”和“洋红”，如图 3-49 所示。选择某一通道后，拖动“色相”“饱和度”和“明度”下的三角形滑块或输入数值，随着参数发生变化，即可改变该通道的颜色，如图 3-50 所示。

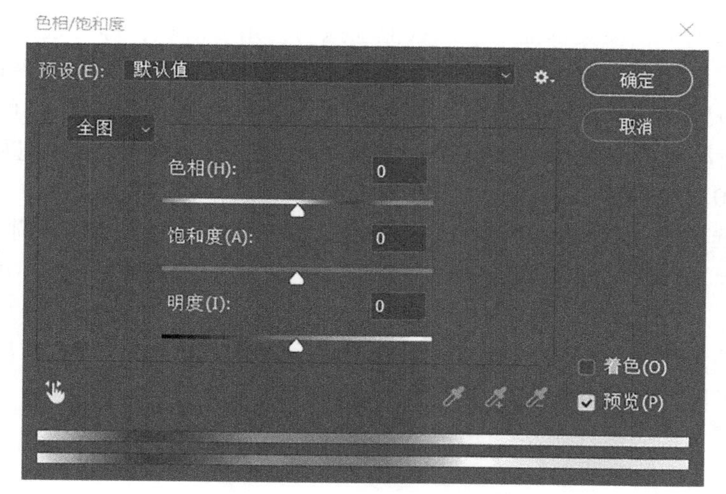

图 3-47　“色相/饱和度”窗口

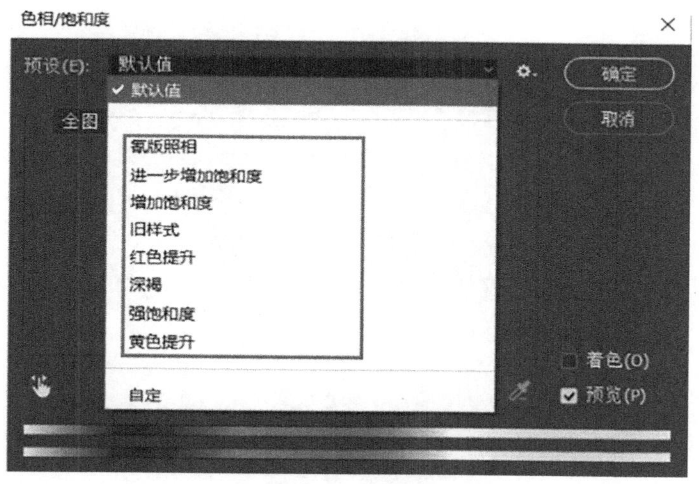

图 3-48　预设饱和度

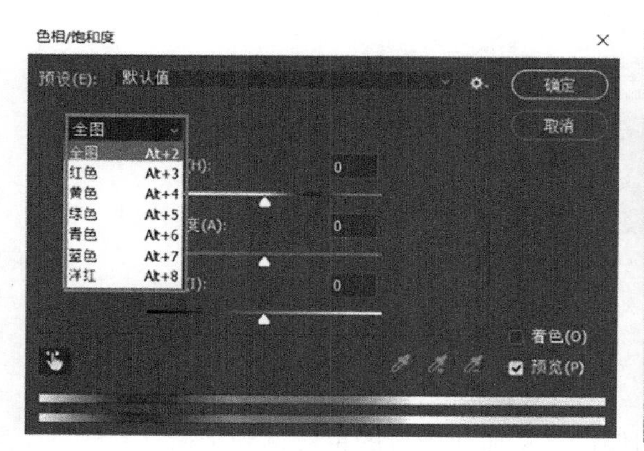

图 3-49　通道

图 3-50　改变通道的颜色

在“色相”选项中，在文本框中输入数值或拖动三角形滑块，即可改变图像的色相。

在“饱和度”选项中，在文本框中输入数值或者拖动三角形滑块，即可调整图像的饱和度。向右拖动滑块或直接输入数值，数值为正值，最大数值为+100，可以增加图像的饱和度；向左拖动滑块或直接输入数值，数值为负值，可以减少图像的饱和度，最小数值只能设置为-100。

在“明度”选项中，拖动三角形滑块或在文本框中输入数值，即可调整图像的明度。向右拖动，数值为正值，可以增加图像的明度；向左拖动，数值为负值，可以减少图像的明度。

选择“着色”选项，可以将图像调整为只有一种颜色的图像，勾选着色选项后，色相的参数发生了变化，饱和度也会发生变化，如图 3-51 所示。

图 3-51 “着色”效果

三、色彩平衡

打开“色彩平衡”命令，可以调整图像的偏色，从而使图像的色彩达到平衡。

执行“图像”→“调整”→“色彩平衡”命令或按 Ctrl+B 组合键，在弹出的“色彩平衡”面板中可以拖动三角形滑块或在色阶(L)后的文本框中输入数值，如图 3-52 所示。

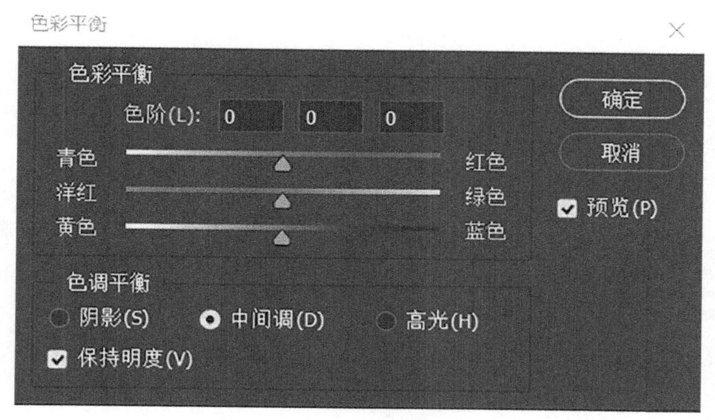

图 3-52　“色彩平衡”面板

在“色彩平衡”选项中，可以调整“青色-红色”“洋红-绿色”“黄色-蓝色”三组不同的互补色，拖动每组互补色中间的滑块可调整图像的色彩。在 Photoshop 中打开一张图片，执行“图像”→“调整”→“色彩平衡”命令，如图 3-53 所示，向右滑动“洋红-绿色”中间的滑块，图片中的色彩发生着变化，调整后的图像如图 3-54 所示。

图 3-53　调整色彩前

图 3-54　调整色彩后

在“色调平衡”选项中，选择“阴影”和“高光”命令，可以调整“阴影”数量(A)和“高光”数量(U)的参数，从而控制色彩平衡的调整趋势，调整后的图像如图 3-55 所示。

四、黑白

打开“黑白”命令，不仅可以将色彩图片转换为黑白图像，而且可以为黑白图片着色。

图 3-55　色调平衡

执行“图像”→“调整”→“黑白”命令，或按 Alt+Shift+Ctrl+B 组合键，在弹出的“黑白”面板中设置相关参数，如图 3-56 所示。

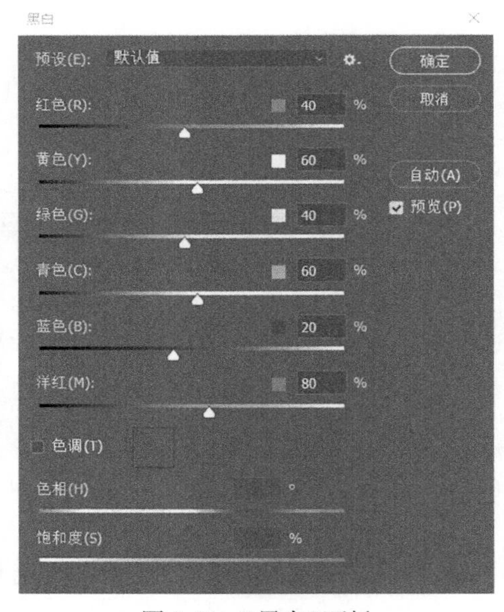

图 3-56　“黑白”面板

在“预设”选项的默认值栏目中，点击下拉按钮，在下拉列表中选择某种预设选项，即为图像应用该预设效果，如图 3-57 所示。

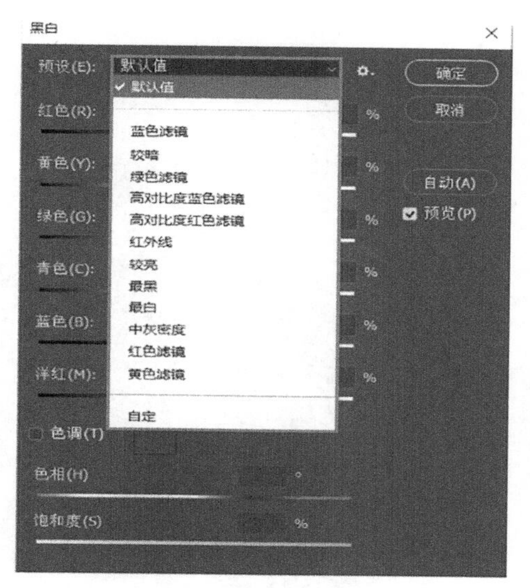

图 3-57　预设效果

在“颜色”选项中有红色、黄色、绿色、青色、蓝色、洋红 6 种颜色的灰调可以调整，向右拖动滑块可以使灰调变亮，如图 3-58 所示；向左拖动滑块可以使灰调变暗，如图 3-59 所示。

图 3-58　灰调变亮

图 3-59　灰调变暗

勾选“色调”前面的复选框，可以为黑白图像着色，图像的颜色变为单一色，拖动“色调”和“饱和度”的滑块，或直接在文本框中输入数值，可以调整色调，如图 3-60 所示。

五、通道混合器

执行“图像”→“调整”→“通道混合器”命令，弹出的“通道混合器”面板，如图 3-61 所示，在“通道混合器”面板中可进行参数设置，拖动“源通道”中“红色”“绿色”“蓝色”的滑块即可调整色调，效果如图 3-62 所示。

图 3-60　调整色调

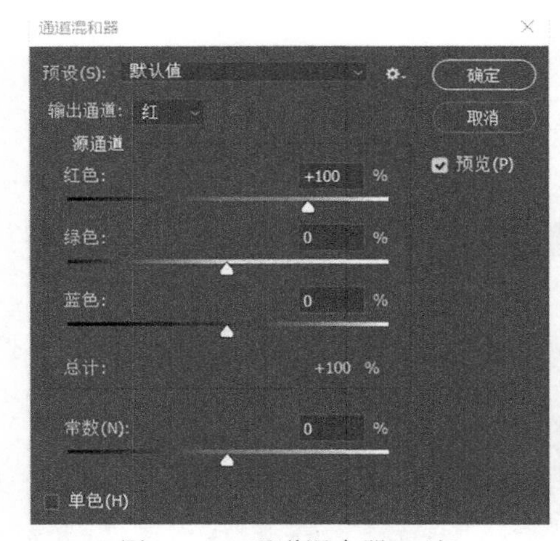

图 3-61　“通道混合器”面板

图 3-62　调整“源通道”

六、去色

“去色”命令可以将图像中的色彩去掉。打开一张图像之后，执行“图像”→“调整”→“去色”命令，或按 Shift+Ctrl+U 组合键，可以将图像变为灰度图像，如图 3-63 所示。

七、匹配颜色

“匹配颜色”命令可以将一张图像作为源图像，另一张图像作为目标图像，然后将目标图像的颜色匹配为源图像的颜色。

图 3-63　对图像“去色”

打开两张图像，将目标图像切换为当前窗口，执行“图像”→“调整”→“匹配颜色”，在弹出的“匹配颜色”面板中设置相关参数，如图 3-64 所示。

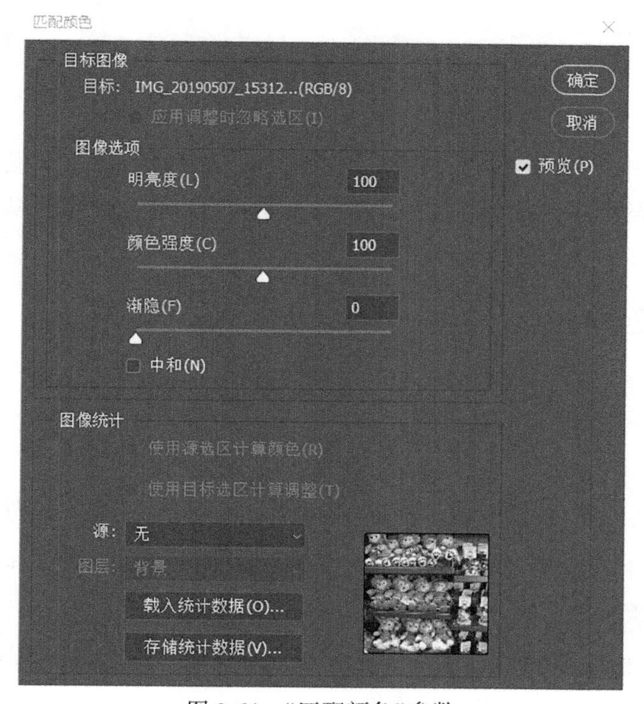

图 3-64　“匹配颜色”参数

在“源”选项的下拉列表中选择某个文件作为源图像，此时目标图像的颜色会发生变化，效果如图 3-65 所示。

图 3-65 “匹配颜色”的效果

在“图像选项”中，可以调整匹配颜色的“明亮度”“颜色强度”“渐隐”参数——明亮度可以控制匹配颜色的明暗，颜色强度可以调整图像的饱和度，渐隐可以调整目标图像的颜色匹配源图像的多少，如图 3-66 所示。

八、替换颜色

“替换颜色”命令可以调整图像中选中区域的色相、饱和度和明度。

执行“图像”→“调整”→“替换颜色”命令，在弹出的面板可设置相关参数，如图 3-67 所示。

选中吸管工具后，在图像中单击需要替换颜色的区域，在选区缩览图中可以看到选中的区域，白色为选中的区域，黑色为未选中的区域。单击按钮，再点击图像，可以加选颜色区域；单击按钮，再点击图像，可以减选颜色区域。

在“颜色容差”选项中，向右拖动滑块可以增加容差，可以使选中颜色的区域变大；向左拖动滑块可以减小容差，使选中颜色的区域变小，如图 3-68 所示。

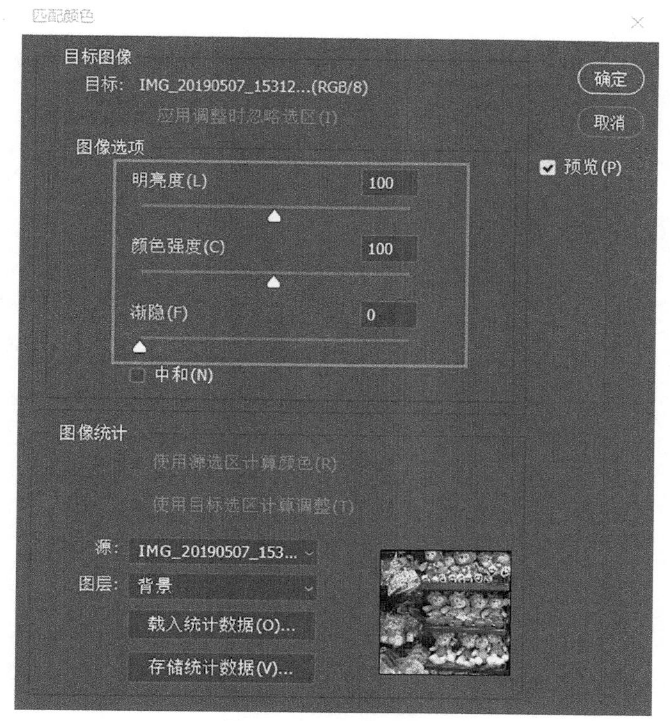

图 3-66　“图像选项”

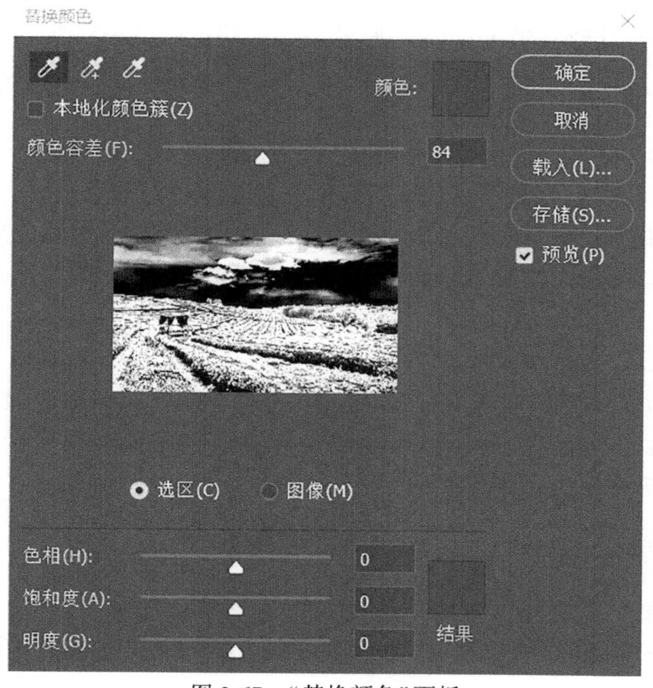

图 3-67　“替换颜色”面板

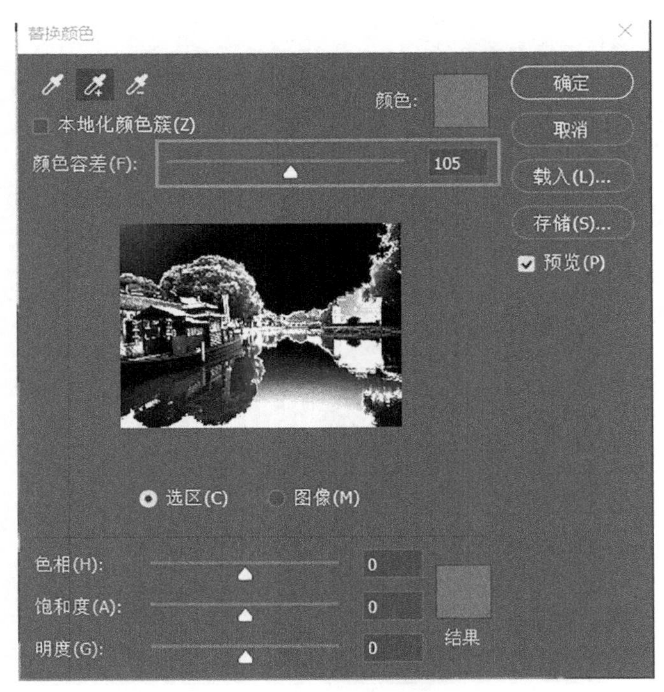

图 3-68　“颜色容差”

对“色相”进行操作时，单击“颜色”后的色块，在弹出的拾色器面板中，用拾色器吸取需要的颜色或拖动色相滑块，可以改变选区中的白色所对应的图像颜色。

第五节　其他色彩调整命令

在 Photoshop 中，有好几种特殊的色彩调整命令，如反相、色调分离、阈值、渐变映射、可选颜色，本节将讲解“反相”“渐变映射”“HDR 色调”命令的使用方法。

一、反相

使用“反相”命令，可以制造负片效果。先打开一张图像，执行“图像”→“调整”→“反相”命令，或按 Ctrl+I 组合键，即可制造负片效果，如图 3-69 所示。如再次执行“图像”→“调整”→“反相”命令，即可恢复到原图效果。

二、渐变映射

使用“渐变映射”命令，可以直接将设置的渐变颜色应用到图像中。先打开一张图像，然后执行“图像”→“调整”→“反相”命令，可以在弹出的设置面板中调整相关参数，如图 3-70 所示。

图 3-69　“反相”命令

图 3-70　“渐变映射”面板

单击色彩条，在弹出的“渐变编辑器”窗口中可自定义设置渐变颜色，如图 3-71 所示。

勾选“仿色”选项，渐变映射会随机添加杂色来平滑渐变效果。勾选“反向”选项后，渐变效果会按相反的方向填充。

三、HDR 色调

使用“HDR 色调”命令，可以修补图像太亮或太暗的区域。

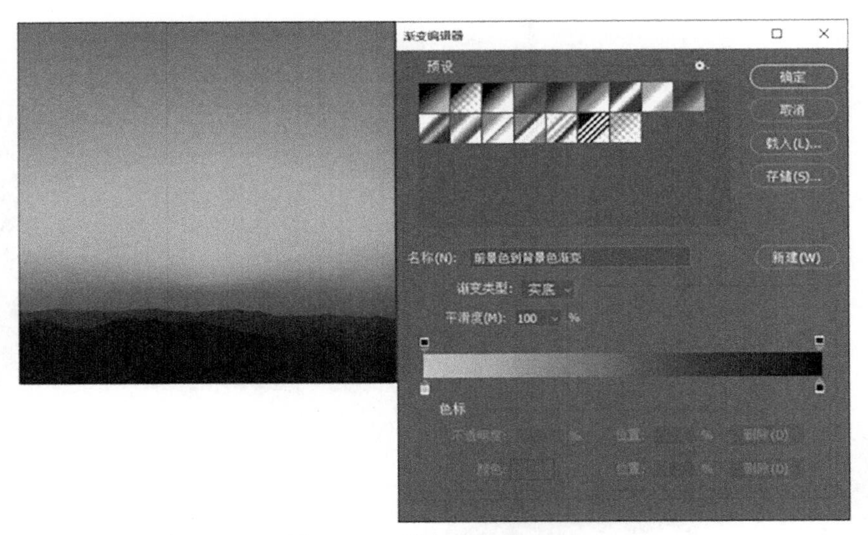

图 3-71 “渐变编辑器”面板

首先，执行“图像”→“HDR 色调”命令，可以在弹出的面板中调整相关参数，如图3-72所示。

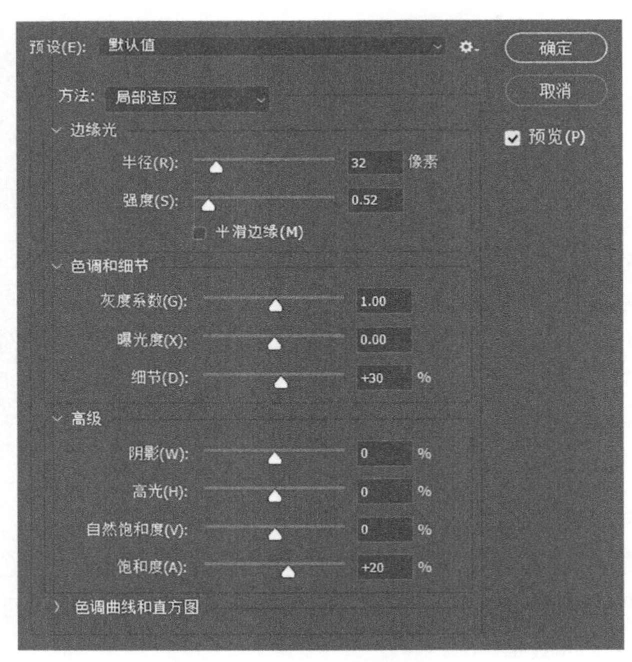

图 3-72 “HDR 色调”面板

在预设下拉列表中可以选择预设的 HRD 色调效果，如图 3-73 所示。在“方法”选项中，可选择采用何种 HDR 调整方法。在“边缘光”选项中，可通过调整半径与强度的参数

图 3-73　预设 HRD 色调效果

来调节边缘光的强度。在“色调和细节”选项中，向左滑动灰度系数的滑块，可以提高图像的对比度；向右滑动曝光度的滑块，可以增加图像的曝光度；向右滑动细节的滑块，可以使画面的细节效果更加丰富。在“高级”选项中，可以调整图像的阴影、高光、自然饱和度与饱和度。

第四章　文 字 工 具

◎ 本章介绍：

如今，在艺术设计中，文字常作为图像的重要组成部分。通过本章的学习，可以熟练掌握 Photoshop 中文字工具的使用，包括点文字、段落文字、路径文字以及文字的自由变换、栅格化文字图层、将文字转化为形状、创建文字的工作路径等相关知识。

第一节　Photoshop 文字基础

一、文字工具组

在 Photoshop 中，右键单击文字工具 T，可以看到该工具组包括横排文字工具、直排文字工具、直排文字蒙版工具和横排文字蒙版工具 4 种，如图 4-1 所示。

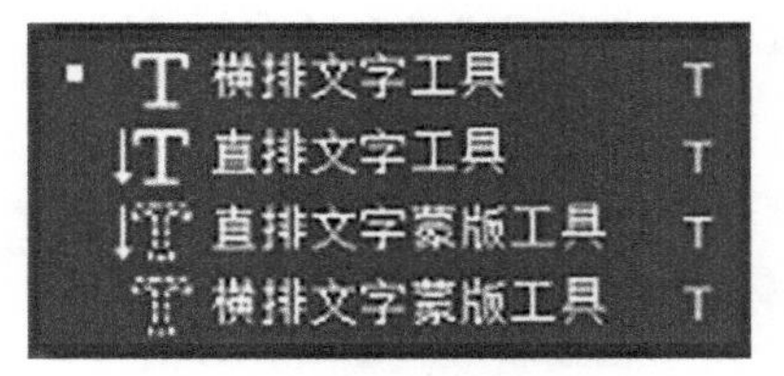

图 4-1　文字工具组

选中“横排文字工具”，在画布中输入的文字为横排文字，如图 4-2 所示；选中“直排文字工具”，在画布中输入的文字为直排文字，如图 4-3 所示；选中“直排文字蒙版工具”，可以创建直排文字选区，如图 4-4 所示；选中“横排文字蒙版工具”，可以创建横排文字选区，如图 4-5 所示。

二、文字图层

打开一张图像或者新建一张画布后，选中工具栏中的文字工具 T，或按 T 键，将光标置于画布中并单击鼠标左键以生成文字框，在文字框中输入文字后按 Enter 键，“图层”面板中即可自动建立文字图层，如图 4-6 所示。

新年快乐

图 4-2 横排文字

新年快乐

图 4-3 直排文字

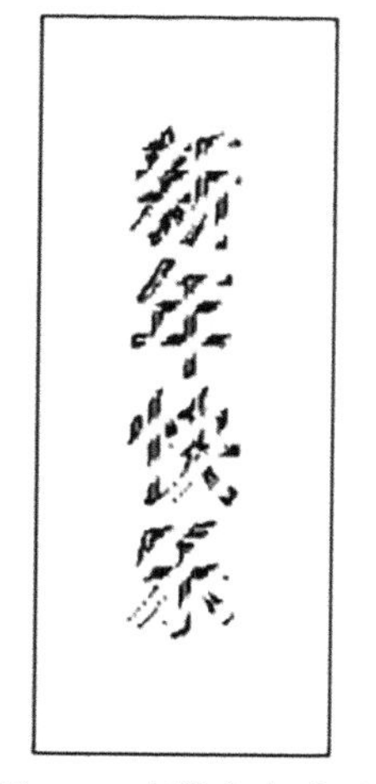

图 4-4 直排文字选区

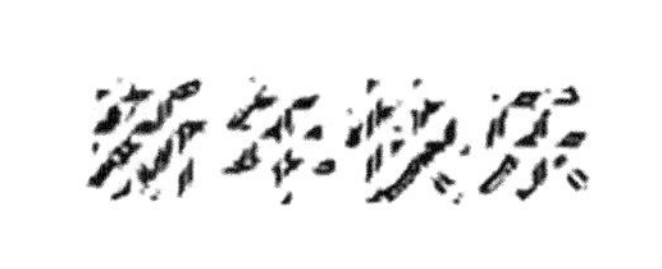

图 4-5 横排文字选区

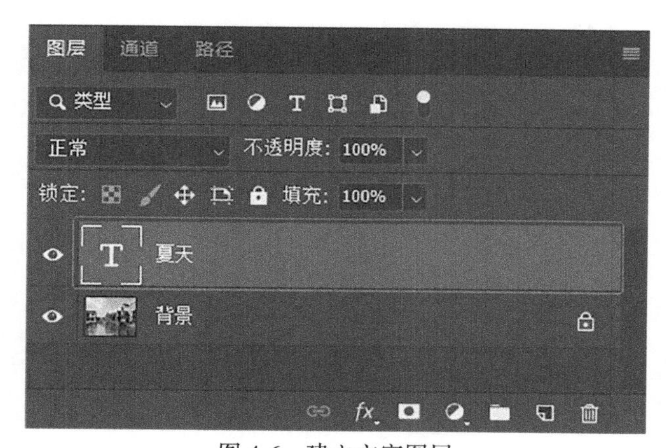

图 4-6 建立文字图层

文字图层与形状图层类似，都具有矢量特征，放大、缩小都不会变模糊，也不会产生锯齿。选中文字图层并单击鼠标右键，在弹出的快捷菜单中选择“栅格化文字”命令，即可将文字图层转化为普通的像素图层，如图 4-7 所示。但转换后的图层不能再通过文字属性栏进行编辑。

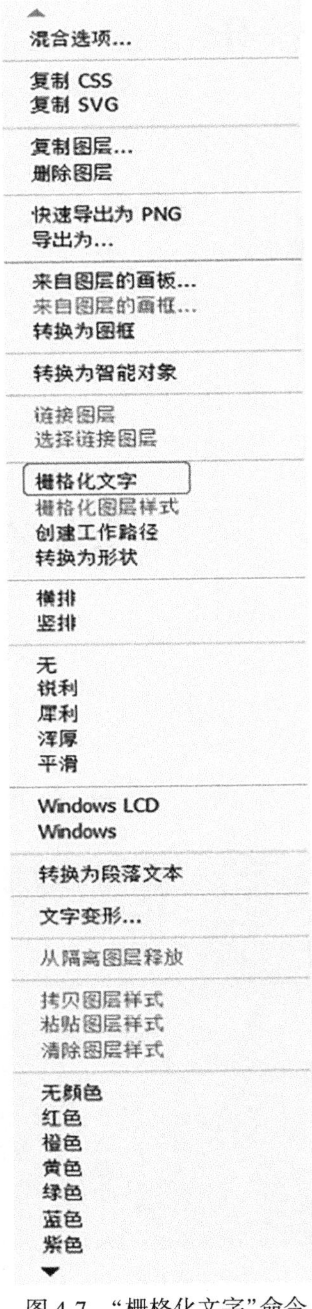

图 4-7　“栅格化文字”命令

三、文字工具属性栏

创建文字图层后，选中该文字图层并选中文字工具，在属性栏中可以设置相关参数，如图 4-8 所示。

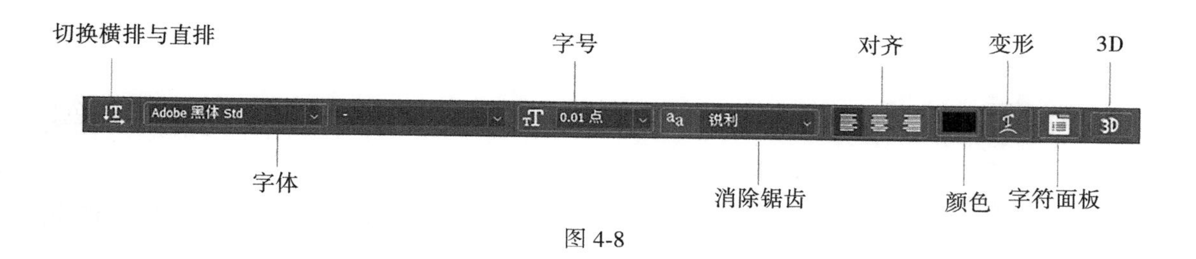

图 4-8

单击按钮，可以将横排文字转化为直排文字，如图 4-9、图 4-10 所示。

图 4-9　横排文字

图 4-10　直排文字

单击“字体”选项右边的下拉菜单按钮，可以在弹出的列表中选择字体。

单击“字号”选项右边的下拉菜单按钮，可以选择预设的字号，也可以直接在字号数值框中输入需要的字号大小。除了以上两种方式外，还可以将光标置于上，按住鼠标并拖动，向左拖动鼠标，字号减小；向右拖动鼠标，字号增大。

单击中的下拉菜单按钮，可选择消除锯齿的方式。选中“无”代表未消除锯齿，当字体小于 14 时才会使用。其他选项都可以消除锯齿。

在“对齐”选项中，文字排列对齐有三种模式：向左对齐、居中、向右对齐。用户可以根据需要来选择合适的对齐方式。

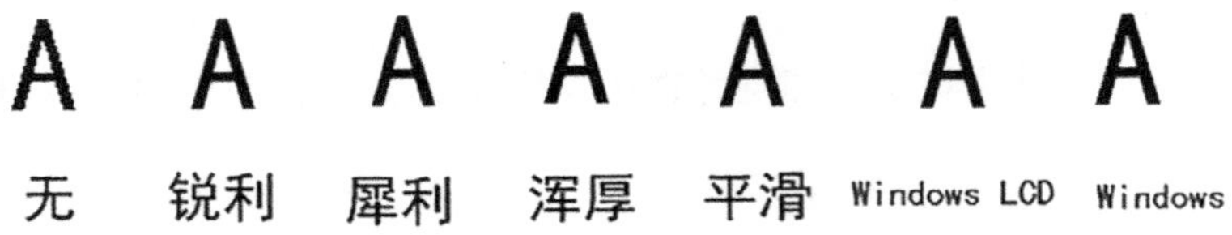

A A A A A A A
无
锐利
犀利
浑厚
平滑
Windows LCD
Windows

图 4-11 消除锯齿

单击图标，弹出“拾色器(文本颜色)”面板，在此面板中可使用拾色器设置颜色，然后单击“确定”按钮，即可完成文字颜色的更改。

单击图标，弹出变形文字面板，单击“样式(S)”下拉菜单按钮，在列表中选择需要的变形样式即可，如图 4-12 所示。

变形文字
样式(S):
无
无
确定
取消
扇形
下弧
上弧
拱形
凸起
贝壳
花冠
旗帜
波浪
鱼形
增加
鱼眼
膨胀
挤压
扭转

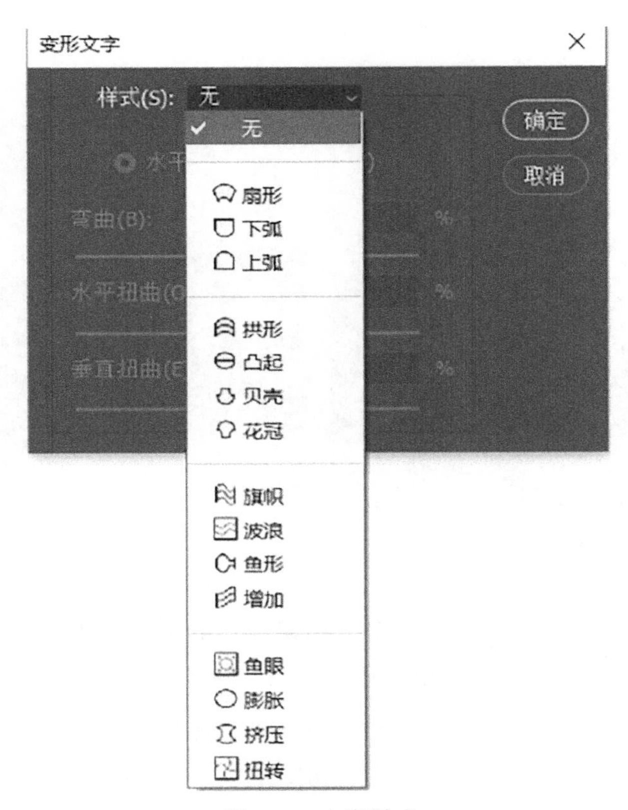

图 4-12 文字样式

单击按钮，弹出“字符”面板，如图 4-13 所示。在“字符”面板中可以设置文字的字体、字号、行间距、字间距、颜色、水平和垂直缩放等。

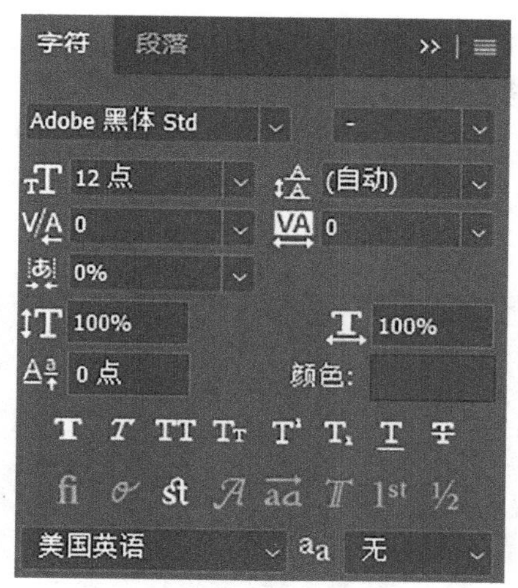

图 4-13 “字符”面板

第二节 创建文字

在 Photoshop 中，使用文字工具可以创建点文字、段落文字、路径文字、区域文字和变形文字，我们可根据实际需求选择特定的创建文字的方式来制作多样的文字效果。

一、创建点文字

在 Photoshop 中，创建点文字需要先在文字工具组中选择横排文字工具或直排文字工具，然后在画布中单击鼠标左键并输入想要的文字，如图 4-14 所示。输入完成之后，按

图 4-14 输入文字

Enter 键或单击工具属性栏右侧的 ✓ 按钮，即可创建点文字。点文字的特征是不可自行换行，需要手动按 Enter 键进行换行。

创建完成点文字后，在文字工具属性栏中可以调整文字的字体、大小、颜色、对齐方式、文字变形等，也可以使用“字符”面板进行相关参数的设置，如图 4-15 所示。

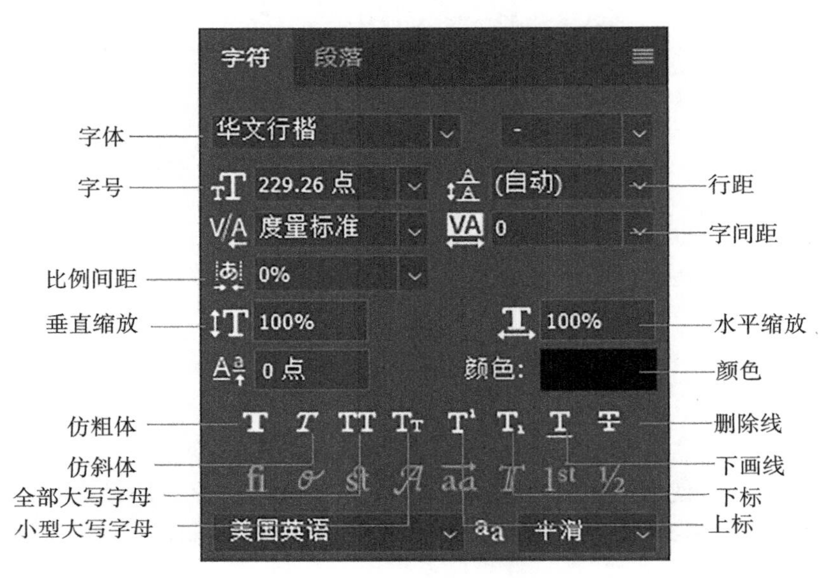

图 4-15　在“字符”面板中设置参数

单击“字体”选项后方的下拉按钮，可以在下拉列表中选择字体。Photoshop 自带的字体样式有限，用户可以在网上下载字体安装软件，选中下载的“简体”格式的安装文件，再单击鼠标右键，在弹出的快捷菜单中选择“安装”选项，如图 4-16 所示。新字体安装完成后在 Photoshop 中的“字符”面板中可以选择该字体。

在“字号”选项中，输入需要的字号数值即可改变字体大小，或者将光标放在 tT 上，按住鼠标并水平拖动也可改变字体大小。除了使用“字符”面板可以调整文字大小外，还可以通过快捷键对字号进行快速调整，先选中文字，然后按 Shift+Ctrl+>组合键，可以增加字号，按 Shift+Ctrl+<组合键，可以减小字号。

在“字间距与行距”选项中，与调节字号一样，也可输入参数，或将光标放在图标上水平拖曳。另外，按 Alt+←组合键，可以缩小字间距；按住 Alt+→组合键，可以增加字间距；按 Alt+↑组合键，可以缩小行距；按按 Alt+↓组合键，可以增加行距。

“垂直缩放与水平缩放”可以使文字在垂直或水平方向上拉长或压扁，如图 4-17 所示。

图 4-16　安装字体

图 4-17　拉长文字

在“颜色”选项中单击色块，然后在拾色器中可以设置需要的颜色，如图 4-18 所示。

图 4-18　拾色器

二、创建段落文字

段落文字的性质类似于在 Word 文档中插入的文本框，当文字长度超过文本框时可以自动换行，文本框也可以拉长或者缩短。

选中横排文字工具 T，将光标放在画布中，按住鼠标左键并拖曳，即可绘制文本框，如图 4-19 所示。

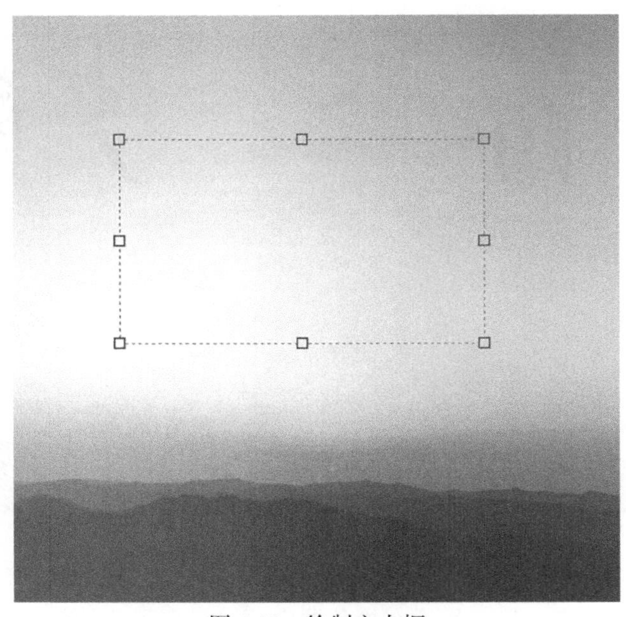

图 4-19　绘制文本框

松开鼠标之后，在文本框内输入文字即可，当文字长度超过文本框的长度时会自动换行，如图 4-20 所示。

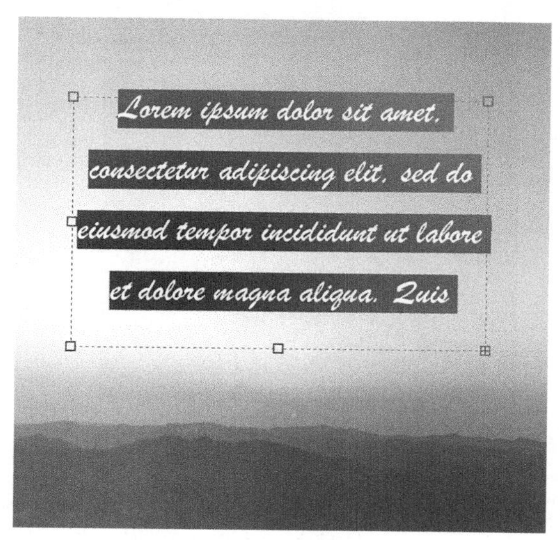

图 4-20 自动换行

当输入的文字过多，而文本框的宽度不够时，文本框以下的内容会被隐藏，若将文本框向下拉动以增加宽度，隐藏的文字会显示出来，如图 4-21 所示。

图 4-21 增加文本框宽度

创建段落文字后，执行“窗口”→“段落”命令，或者选择属性栏中的字符面板，在弹出的面板中选择“段落”选项，可以设置段落文字的对齐方式、缩进等参数，如图 4-22

所示。

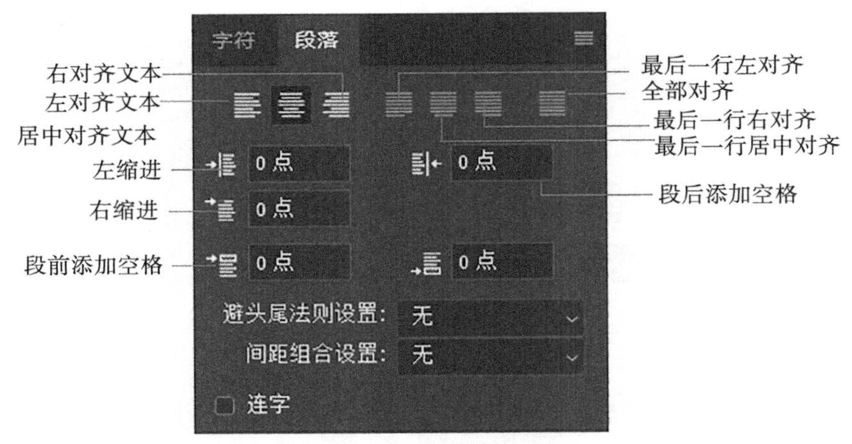

图 4-22　“段落”属性栏

选中“左对齐文本”可以使段落文字左侧对齐，右侧会参差不齐；选中“居中对齐文本”可以使段落文字居中对齐；选中“右对齐文本”可以使段落文字右侧对齐，左侧会参差不齐，如图 4-23 所示。

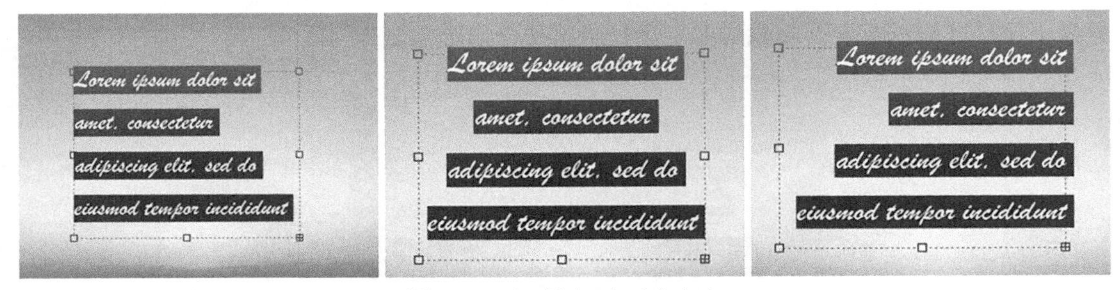

图 4-23　左/居中/右对齐文本

选中“最后一行左对齐”，则最后一行文字左对齐，其他行左右两端对齐；选中“最后一行居中对齐”，则最后一行文字居中对齐，其他行左右两端对齐；选中“最后一行右对齐”，则最后一行文字右对齐，其他行左右两端对齐，如图 4-24 所示。

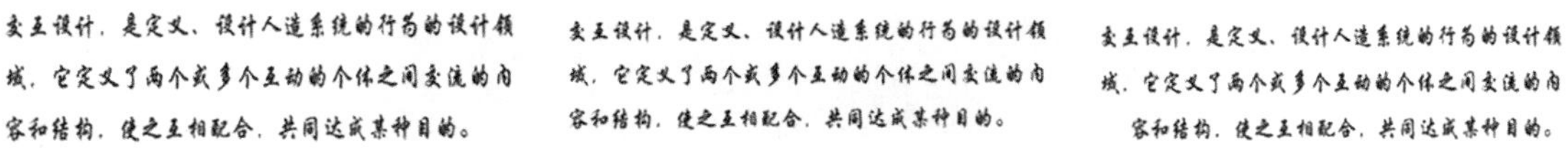

交互设计，是定义、设计人造系统的行为的设计领域，它定义了两个或多个互动的个体之间交流的内容和结构，使之互相配合，共同达成某种目的。

交互设计，是定义、设计人造系统的行为的设计领域，它定义了两个或多个互动的个体之间交流的内容和结构，使之互相配合，共同达成某种目的。

交互设计，是定义、设计人造系统的行为的设计领域，它定义了两个或多个互动的个体之间交流的内容和结构，使之互相配合，共同达成某种目的。

图 4-24　最后一行左/居中/右对齐文本

选中“全部对齐”，可在字符间添加间距，使段落文本左右两端全部对齐，如图 4-25 所示。

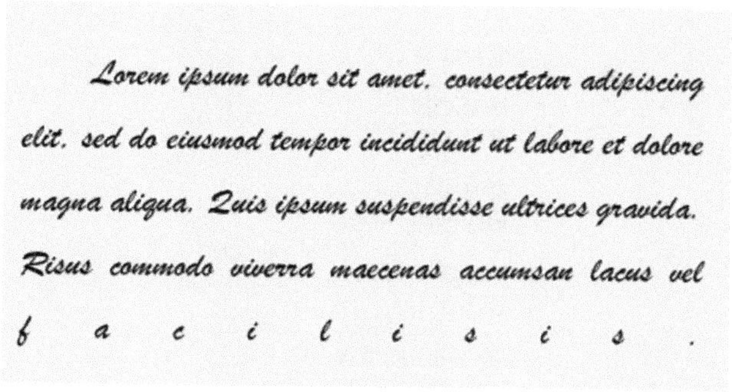

Lorem ipsum dolor sit amet, consectetur adipiscing
elit, sed do eiusmod tempor incididunt ut labore et dolore
magna aliqua. Quis ipsum suspendisse ultrices gravida.
Risus commodo viverra maecenas accumsan lacus vel
f a c i l i s i s .

图 4-25　全部对齐

在“缩进”选项中，调整左缩进参数，设置为正值时，段落文字左侧边界向右侧移动，设置为负值时，段落文字左侧边界向左侧移动；调整右缩进参数，设置为正值时，段落文字右侧边界向左移动，设置为负值时，段落文字右侧边界向右侧移动；调整首行缩进参数，设置为正值时，首行左侧边界向右移动，设置为负值时，首行左侧边界向左移动，如图 4-26 所示。

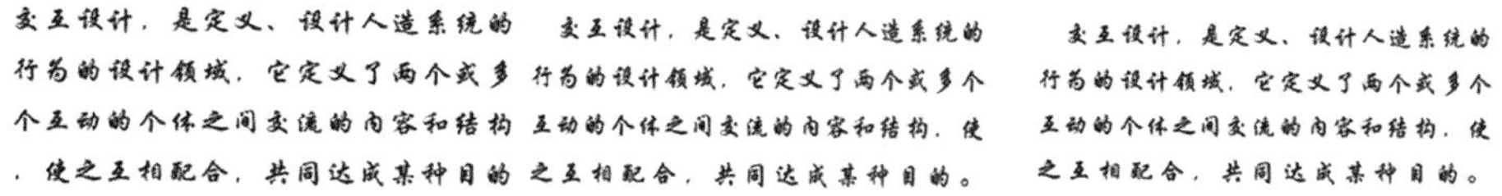

交互设计，是定义、设计人造系统的行为的设计领域，它定义了两个或多个互动的个体之间交流的内容和结构，使之互相配合，共同达成某种目的
交互设计，是定义、设计人造系统的行为的设计领域，它定义了两个或多个互动的个体之间交流的内容和结构，使之互相配合，共同达成某种目的。
交互设计，是定义、设计人造系统的行为的设计领域，它定义了两个或多个互动的个体之间交流的内容和结构，使之互相配合，共同达成某种目的。

图 4-26　缩进

根据语法规则，标点符号不能位于句首。单击“避头尾法则设置”选项后方的下拉箭头符号，可以选择“无”“JIS 宽松”“JIS 严格”选项，如图 4-27 所示。选择“无”选项，段落文字可能存在标点符号位于句首的情况；选择“JIS 宽松”或“JIS 严格”选项，都可以避免以上问题。

避头尾法则设置：
无
间距组合设置：
无
JIS 宽松
JIS 严格
连字

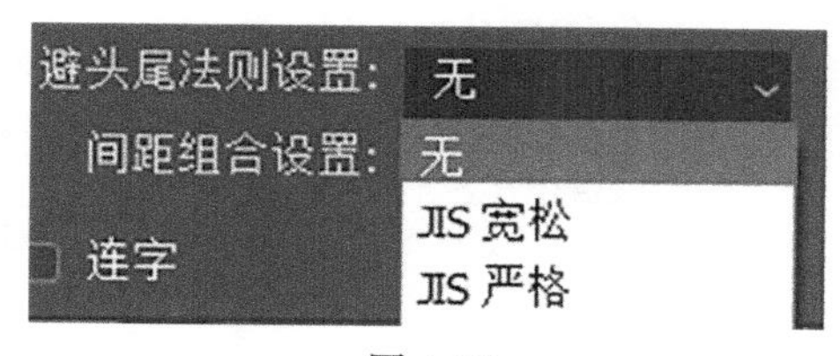

图 4-27

需要说明的是：点文本与段落文本，这两种文字形式是可以互相转换的。若要将点文本转换为段落文本，首先要在“图层”面板中选择此文字图层并单击鼠标右键，在弹出的快捷菜单中选中“转换为点文本”选项即可；若要将段落文本转换为点文本，首先要选中此文字图层并单击鼠标右键，在弹出的快捷菜单中选中“转换为段落文本”选项即可，如图 4-28 所示。

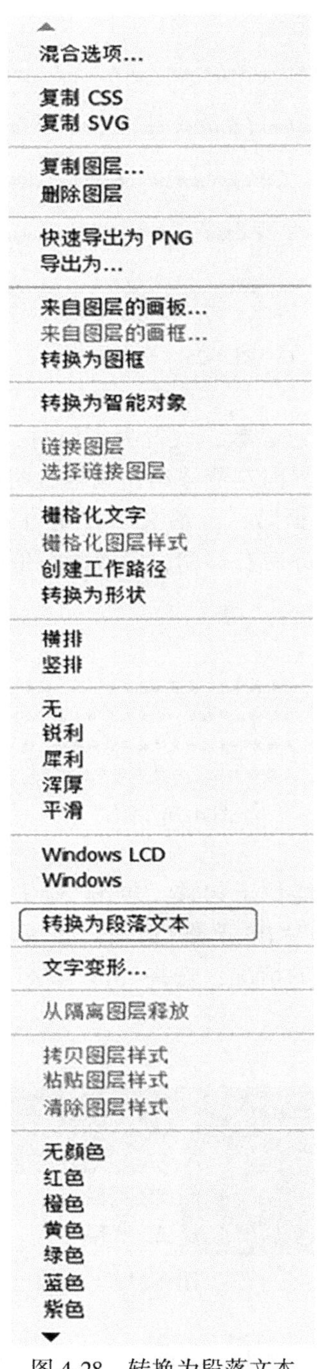

图 4-28 转换为段落文本

三、创建路径文字

路径文字是一种按规定路径排列的文字，常用于创建排列不规则的文字行。创建文字路径之前，需要使用钢笔工具或形状工具绘制路径，然后在该路径上输入文字，即可创建路径文字，如图 4-29 所示。

图 4-29 创建路径文字

(一)绘制路径

创建路径文字之前，需要先创建路径。创建路径有两种方式：一种是通过钢笔工具绘制，另一种是通过形状工具绘制。

使用钢笔工具绘制路径时，需要先选中钢笔工具，然后将光标放在画布中，单击鼠标左键以创建一个锚点，移动鼠标后再次单击，同时按住鼠标左键并拖动，通过手柄可以调整两个锚点之间路径的弯曲度，如图 4-30 所示。调整弯曲度之后，松开鼠标并移动到合适位置，可再次单击鼠标左键并绘制路径，如图 4-31 所示。

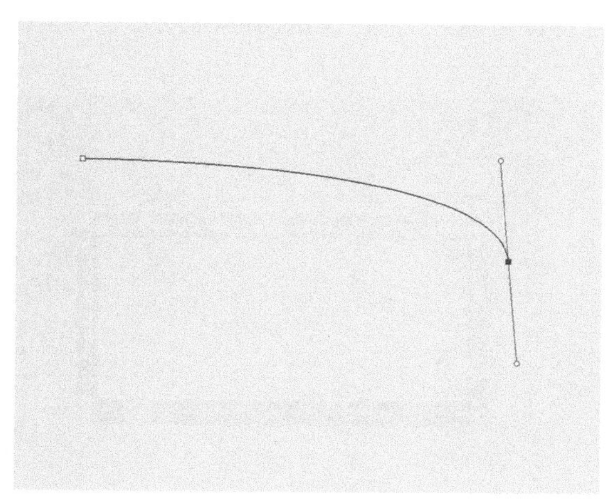

图 4-30 调整弯曲度

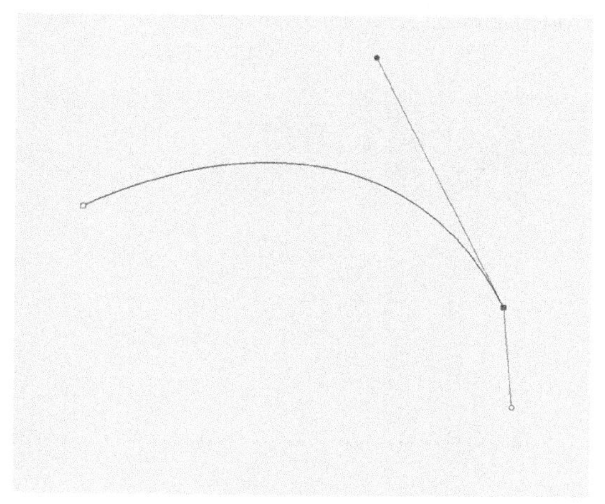

图 4-31 再次绘制路径

在 Photoshop 中，使用形状工具也可绘制路径。先选中形状工具，然后在工具属性栏中选中“路径”，如图 4-32 所示。然后将光标放在画布中，按住鼠标左键并拖曳，即可绘制闭合路径，如图 4-33 所示。

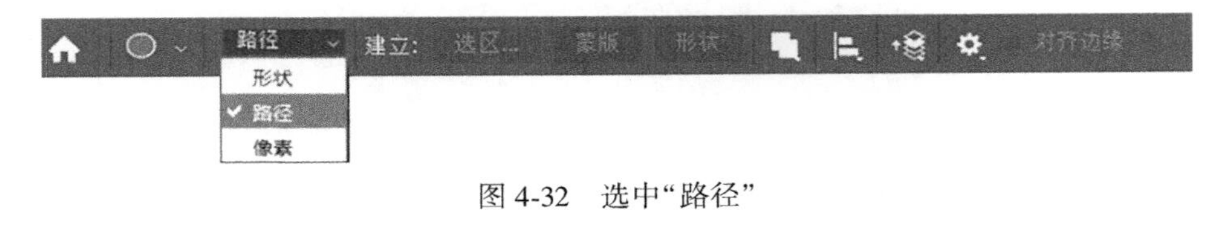

图 4-32　选中“路径”

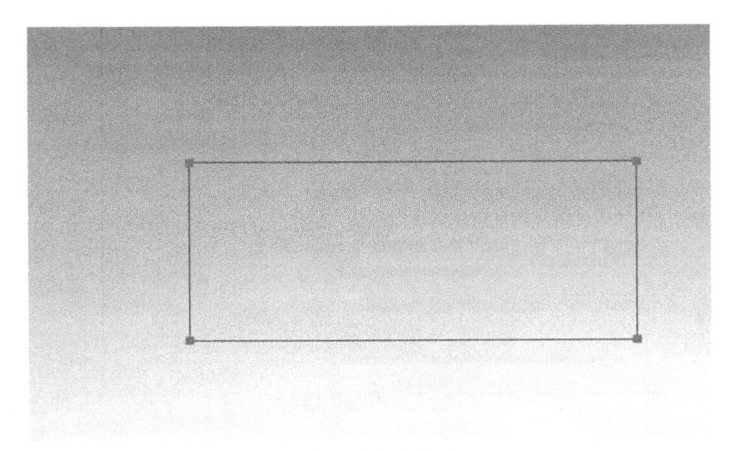

图 4-33　绘制闭合路径

（二）创建路径文字

在 Photoshop 中，使用钢笔工具或形状工具绘制好路径之后，再选中文字工具，将光标放在路径上，此时光标变为，单击鼠标左键即可输入文字，如图 4-34 所示。

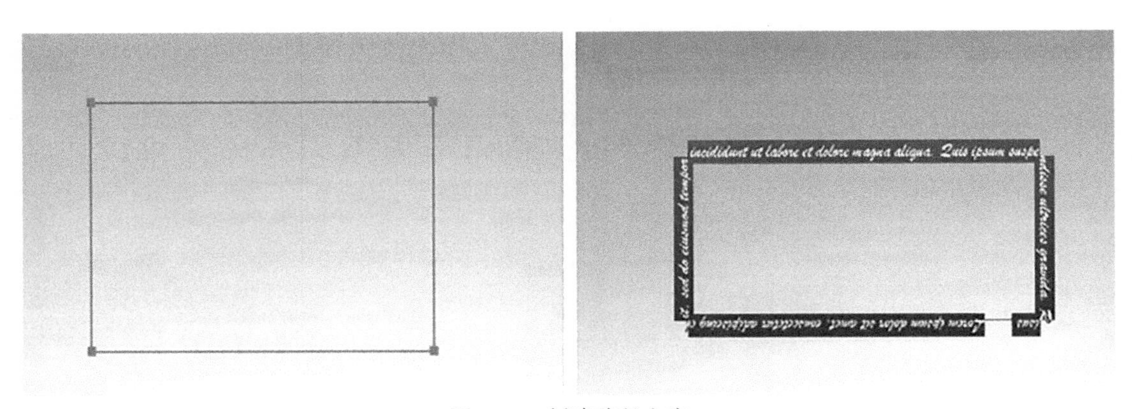

图 4-34　创建路径文字

四、创建区域文字

区域文字与路径文字相似，需要先创建好路径。区域文字以封闭路径为边界，文字只排列在路径内。首先使用钢笔工具或形状工具在画布中绘制闭合路径，如图 4-35 所示。将光标放在路径框内，此时，光标图标变为 ⓘ，输入文字即可创建区域文字，如图 4-36 所示。

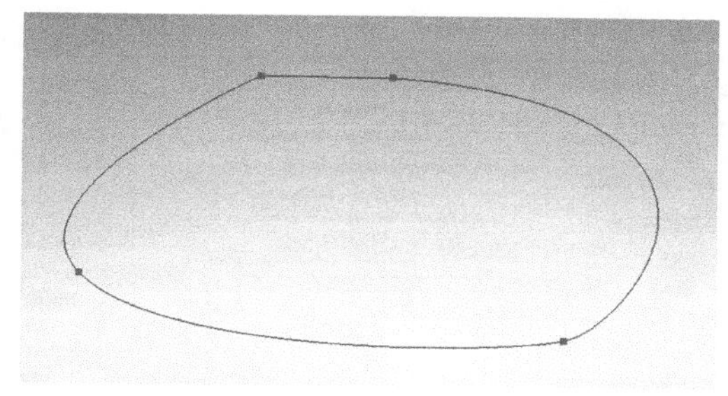

图 4-35　绘制闭合路径

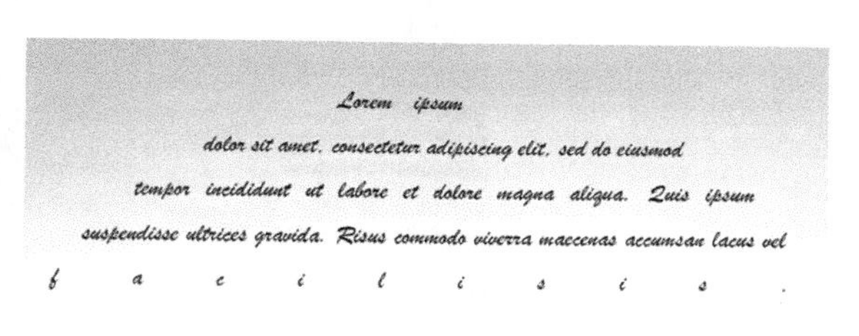

图 4-36　创建区域文字

五、创建变形文字

在 Photoshop 中，可以运用文字工具属性栏中的“变形”选项来创建变形文字。使用文字工具输入文字后，在属性栏中单击“创建文字变形”按钮，在弹出的“变形文字”面板中单击“样式”选项框，然后在列表中选择需要的变形样式即可，如图 4-37 所示。

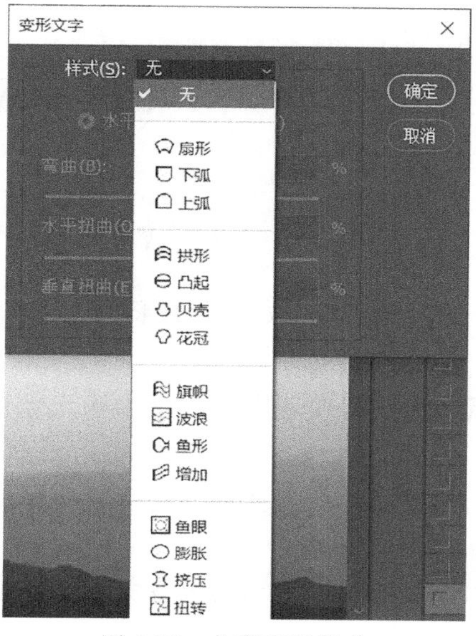

图 4-37　文字变形样式

在“变形文字”面板中选择一种变形样式后，可以在该面板中设置变形方向、弯曲参数、水平扭曲与垂直扭曲程度，如图 4-38 所示。

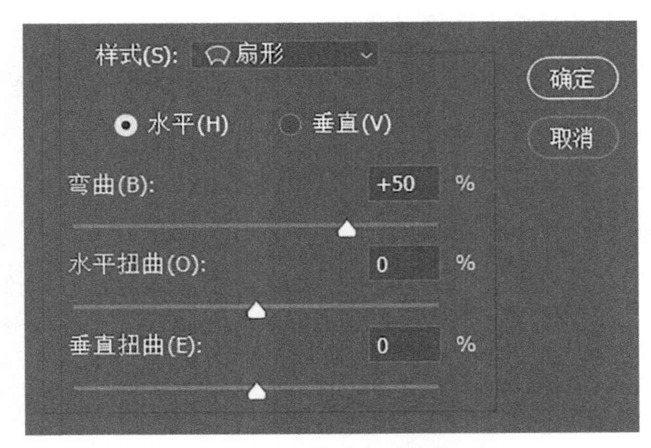

图 4-38　设置变形参数

选中“水平”方向时，文字变形的方向为水平；选中“垂直”方向时，文字变形的方向为垂直，如图 4-39 所示。

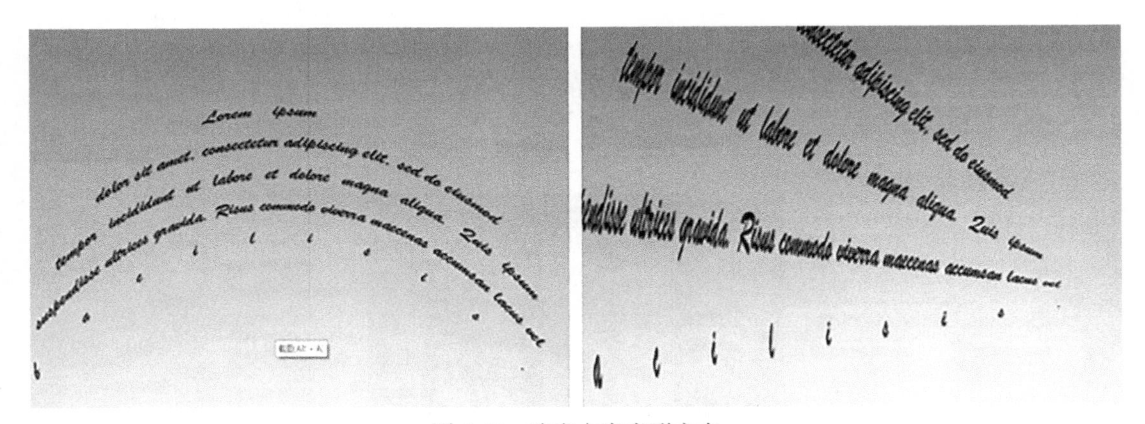

图 4-39　改变文字变形方向

在“弯曲”选项中，用鼠标拖曳滑块或在文本框中输入数值，可以改变文字的弯曲程度，如图 4-40 所示。

在“水平扭曲”选项中，用鼠标拖曳滑块或在文本框中输入数值，可以改变文字在水平方向上的变形程度，如图 4-41 所示。

在“垂直扭曲”选项中，用鼠标拖曳滑块或在文本框中输入数值，可以改变文字在垂直方向上的变形程度，如图 4-42 所示。

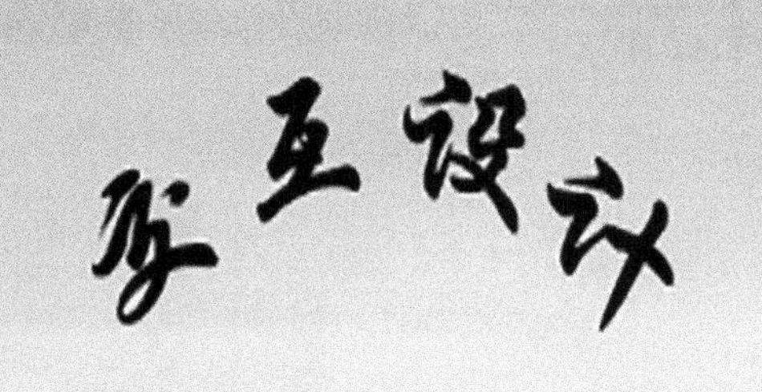
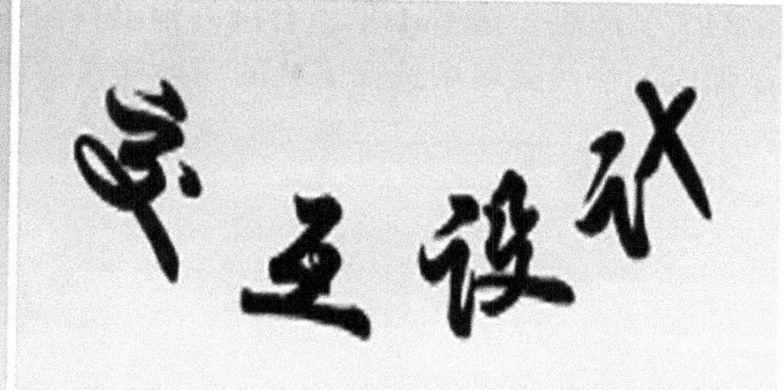

图 4-40　改变文字弯曲程度

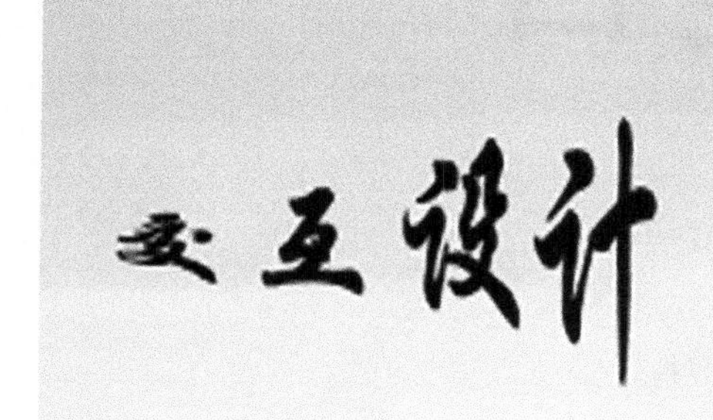

图 4-41　水平扭曲

图 4-42　垂直扭曲

第三节　编 辑 文 字

在 Photoshop 中，使用文字工具建立文字图层后，可以对文字进行自由变换操作，如缩放、旋转等，也可以将具有矢量特征的文字图层转换为像素图层、形状图层和路径。

一、文字的自由变换

新建一张画布或者打开一张图像后，在画布中先编辑文字，然后选中需要进行自由变化的文字图层，按 Ctrl+T 组合键，弹出自由变换定界框，如图 4-43 所示；单击鼠标右键，在弹出的快捷菜单中选择需要的变换样式，如图 4-44 所示。

图 4-43　自由变换定界框

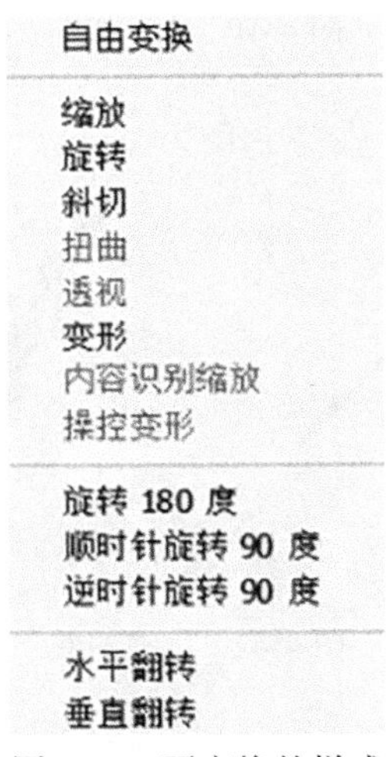

图 4-44　可变换的样式

当段落文字需要进行自由变换，可以直接使用其自带的定界框对文字进行旋转、缩放、斜切操作。按住 Ctrl 键，将光标放在定界框 4 个角的某个锚点上向内或向外拖动，即可变换文字大小，如图 4-45 所示。按住 Ctrl 键，将光标放在定界框的中间锚点上，拖动鼠标即可对文字进行斜切操作，如图 4-46 所示。按住 Ctrl 键，将光标放在定界框 4 个角的外侧，当光标图标变为 ↷ 时，拖动鼠标即可旋转文字，如图 4-47 所示。

图 4-45　改变文字大小　　图 4-46　斜切　　图 4-47　旋转

二、栅格化文字图层

通过“栅格化文字”命令可以将文字图层转换为像素图层，使转换后的文字具有像素图层的特点。首先在“图层”面板中选择文字图层，如图 4-48 所示，然后将光标放在图层名称后的空白处并单击鼠标右键，在弹出的快捷菜单中选择“栅格化文字”选项，即可将文字图层转换为像素图层，如图 4-49 所示。

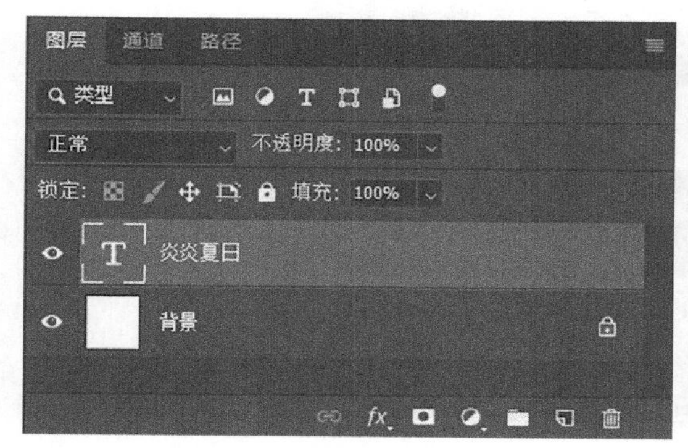

图 4-48　选中文字图层

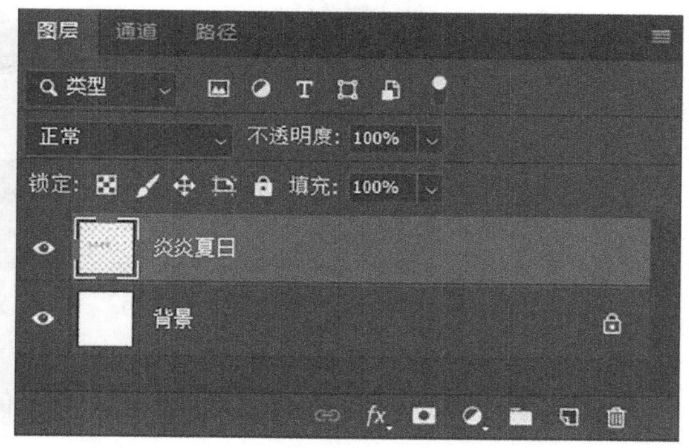

图 4-49　转换为像素图层

三、将文字转化为形状

文字图层具有矢量特征，将文字图层转化为形状后，在该文字上会自动创建许多锚点，如图 4-50 所示，此时可以对文字进行更多的变形操作。首先，选中文字图层，然后将光标放在图层名称后的空白处并单击鼠标右键，在弹出的快捷菜单中选择“转换为形状”选项，即可将文字图层转换为形状图层，如图 4-51 所示。

四、创建文字的工作路径

首先，选中文字图层，然后将光标放在图层名称后的空白处并单击鼠标右键，在弹出的快捷菜单中，选择“创建文字的工作路径”选项，即可创建文字的工作路径，如图 4-52 所示。

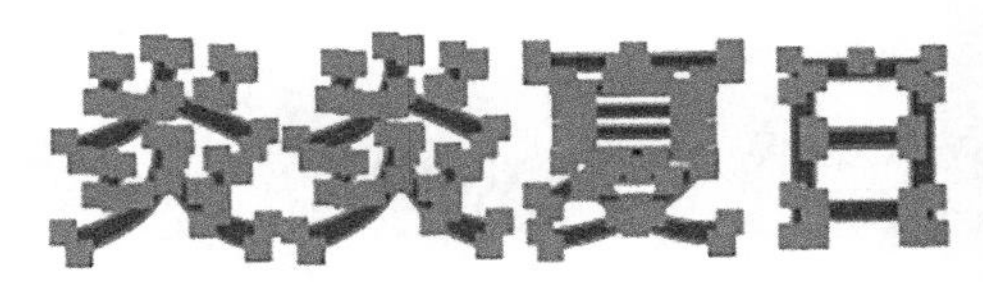

图 4-50　创建锚点

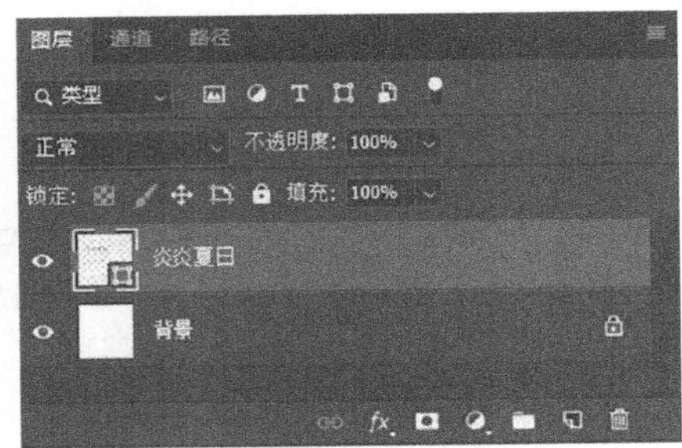

图 4-51　转换为形状图层

图 4-52　创建文字的工作路径

创建好文字后，可以将文字图层删除，但是文字路径不会被删除，如图 4-53 所示。

图 4-53　文字路径不会被删除

第五章　绘 画 工 具

◎ 本章介绍：

在 photoshop 中，选择使用钢笔工具和形状工具绘制多种样式的矢量图像，通过编辑矢量图像上的锚点可以更改元素的形态。本章将详细讲解路径与锚点的概念和应用，以及钢笔工具组与形状工具组中的各种工具的使用方法、路径与形状的编辑等。

第一节　矢 量 工 具

一、矢量图像

矢量图，也称为面向对象的图像或绘图图像，在数学上定义为一系列由线连接的点。矢量文件中的图像元素被称为对象。每个对象都是一个自成一体的实体，它具有颜色、轮廓、形状、大小等属性。

矢量图是根据几何形状绘制的图形，可以是直线或者曲线，也可以是二者的组合。矢量图像的特点是放大后图像之后不会失真，和分辨率无关，适用于图形设计、文字设计和某些标志设计、版式设计等，如图 5-1 所示。

图 5-1　矢量图

二、路径与锚点

路径的含义包括很多种，如磁盘中的地址路径、HTML 中链接的绝对路径(网址)等。图形设计软件中的路径是指所绘制图形的轮廓，路径不包括任何像素，但可以填充颜色或者应用路径描边。绘制完路径或者形状之后，可以在“路径”面板中找到所绘制的路径，如图 5-2 所示。

图 5-2　路径面板

在 Photoshop 中，绘制路径的工具包括钢笔工具和形状工具，此外，使用文字工具创建文字图层后，可以将文字图像转换为文字路径。与选区不同的是(选区必须是闭合式)，路径可以分为三种：开放式路径，如图 5-3 所示；闭合式路径，如图 5-4 所示；组合式路径，如图 5-5 所示。针对开放式路径，使用钢笔工具可以让断开的路径闭合；针对闭合路径，使用直接选择工具删除路径上的锚点，可以让闭合的路径断开。

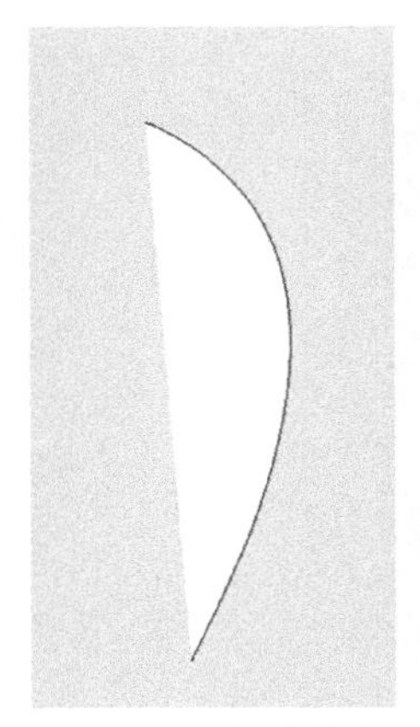
图 5-3　开放式路径

图 5-4　闭合式路径

图 5-5　组合式路径

路径是由一条直线段或曲线段组成的轮廓，也可以是由多条直线段或曲线段组成的轮廓——这些直线段或曲线段的两端端点即为锚点。根据实际需要，用户可以添加或删除路径上的锚点。使用直接选择工具选中某一个锚点之后，该锚点两侧会显示两条控制手柄，通过调节控制手柄的方向和长度，可以控制路径的走向，如图 5-6 所示。

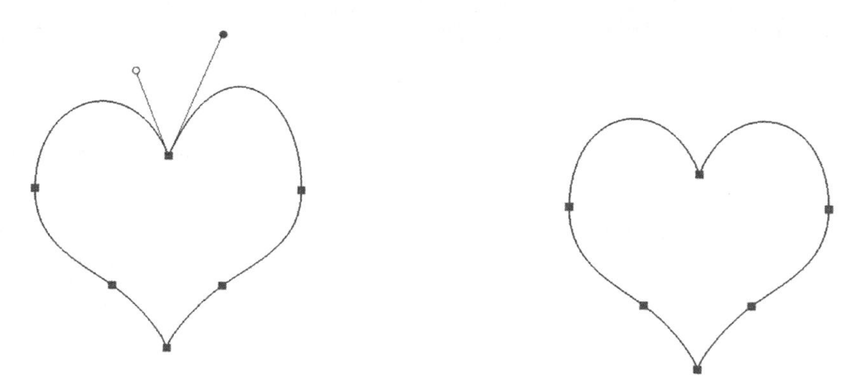

图 5-6　控制路径走向

根据路径的平滑状况，锚点可分为两种类型：平滑锚点和角点。当锚点的两条控制手柄在一条直线上，此类锚点称为平滑锚点，如图 5-7 所示；当锚点所处的路径转折不平滑时，该锚点的两条控制手柄呈夹角状，此类锚点称为角点，如图 5-8 所示。先选中一个平滑锚点，然后选中钢笔工具并将光标置于该锚点上，按住 Alt 键的同时单击鼠标左键，即可将平滑锚点转为角点。

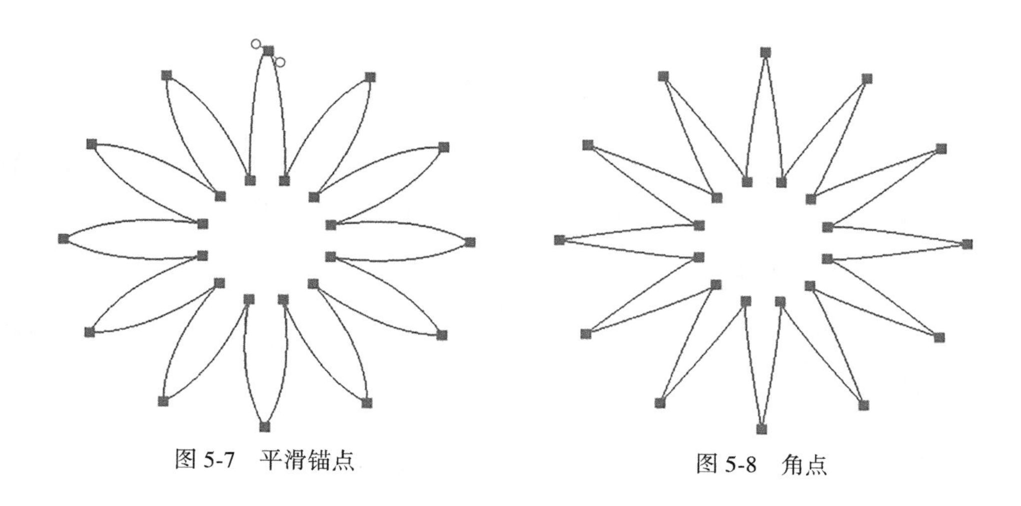

图 5-7　平滑锚点　　　　图 5-8　角点

三、选择绘图模式

使用钢笔工具和形状工具可以绘制图像时有三种模式可选：形状、路径、像素。其中，在路径和形状模式下绘制的元素都包含矢量路径。

在使用钢笔工具或形状工具绘制图像之前，首先需要在工具属性栏中选择所需要的绘制模式，如图 5-9 所示。

图 5-9　工具属性栏

选择“形状”模式之后，可以绘制带有矢量路径和填充描边属性的形状图层，如图 5-10 所示；选择“路径”模式后，可以绘制独立的路径，如图 5-11 所示；选择“像素”模式后，可以绘制带有填充属性的像素图像，如图 5-12 所示。需要注意的是，当选择“像素”模式绘制图像时，首先需要先按住 Shift+Ctrl+Alt+N 组合键以新建空白像素图层。

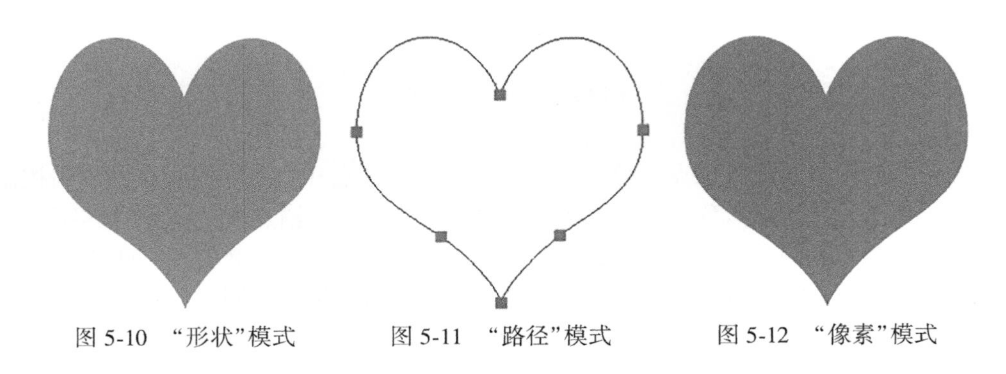

图 5-10　“形状”模式　　图 5-11　“路径”模式　　图 5-12　“像素”模式

第二节　画 笔 工 具

在日常生活中，根据其大小、软硬、粗细，画笔可分为很多种类。Photoshop 中的画笔工具也一样，不同的属性具有不同的功能，可以绘制不同效果的图像。

一、画笔工具属性栏

选中画笔工具，或按 B 键，在属性栏中设置相关参数，如图 5-13 所示，可以绘制多种艺术形式的图像。

图 5-13　画笔工具属性栏

单击画笔预设后的 按钮，打开画笔下拉菜单面板，在此面板中可以设置画笔的大小、硬度、笔尖，如图 5-14 所示。

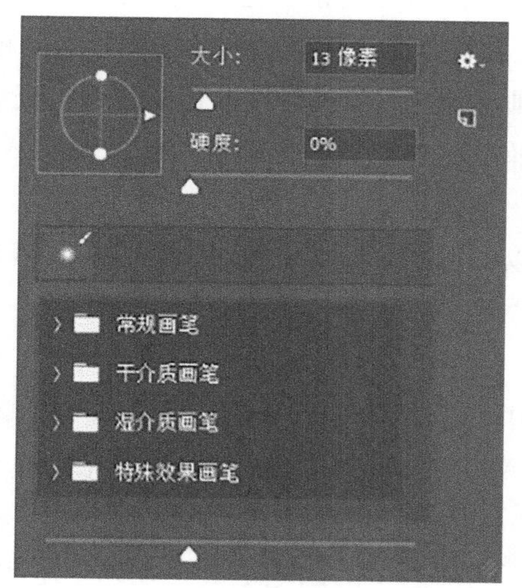

图 5-14　画笔面板

单击 图标，弹出画笔设置和画笔面板，如图 5-15 所示。

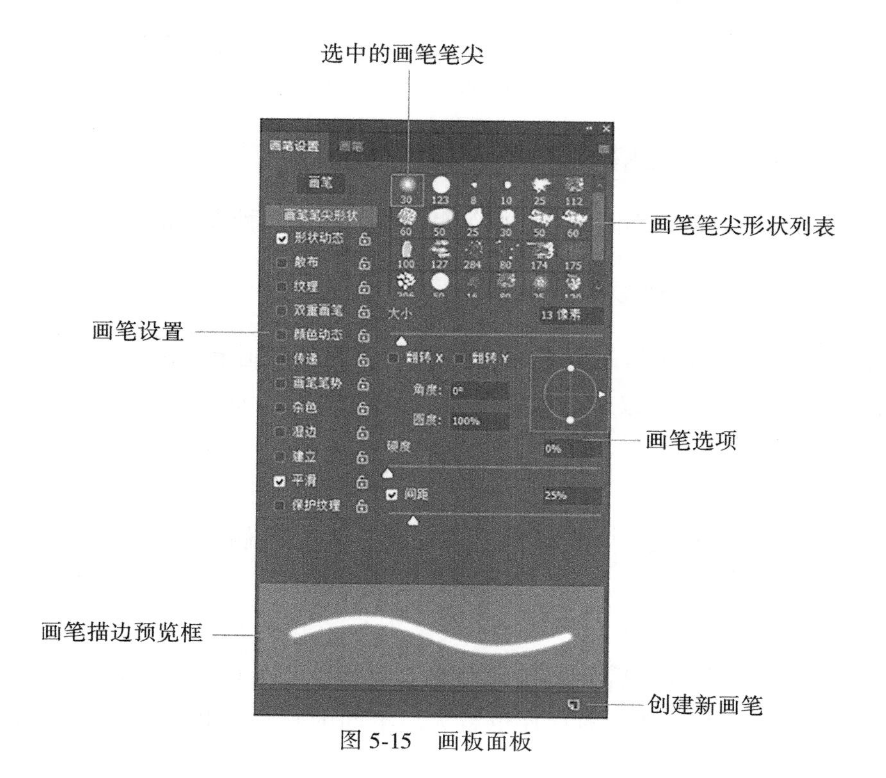

图 5-15　画板面板

单击“模式”选项右侧的下拉菜单按钮，可以选择混合样式，用于设置画笔绘制图像与画面的混合模式。

单击“不透明”按钮，在弹出的控制条中拖动滑块，或在输入框中输入数值，可以对画笔的不透明度进行设置，数值越小，画笔绘制的图像透明度越高。

“流量”选项用于控制画笔绘制图像时运用颜色的速率，流量越大，速度则会越快。

单击“平滑”按钮，在弹出的控制条中拖动滑块，或在输入框中输入数值，可以对画笔的平滑度进行设置。

启用“喷枪模式”，可以根据单击程度来确定画笔线条的填充数量。

二、画笔画板

单击画笔工具属性栏中的画笔画板图标，或执行“窗口”→“画笔设置”命令，或按 F5 键，即可调出“画笔设置”面板，如图 5-15 所示。具体设置将在后面进行详细讲解。

在“画笔”选项中展示了当前选中的画笔笔尖。在画笔笔尖形状列表中列出了多种可供选择的画笔笔尖，用户可以使用默认的笔尖样式，也可以选择载入新的样式。在画笔选项中，可以设置画笔的大小、硬度、角度和间距等。选中画笔设置中的所需要选项，单击名称，即可对该选项的具体参数进行设置。

以上各项设置参数改变时，会在画笔描边预览框中实时显示画笔状态。用户可将修改过参数设置的画笔形状保存为新画笔，以便在后续操作中使用。

三、设置画笔笔尖类型

画笔工具可以通过设置不同参数和画笔笔尖，绘制出多种多样的图像。

(一)编辑画笔基本参数

选中画笔工具，单击画笔面板中的图标，在弹出的画笔面板设置界面中选择左侧的“画笔笔尖形状”选项，可以对画笔的形状、硬度、大小、间距、角度等属性进行设置，如图 5-16 所示。

1. 画笔形状

如果需要选中某一形状，单击该形状图标即可。拖动右侧的滚动条可以查看更多笔尖形状。

2. 大小

拖动“大小”滑动条或在后方文本框中输入数值，即可设置画笔的笔尖大小。向后拖动则数值会越来越大，画笔的直径也越大。不同的画笔形状，其直径最大值可能不一样。

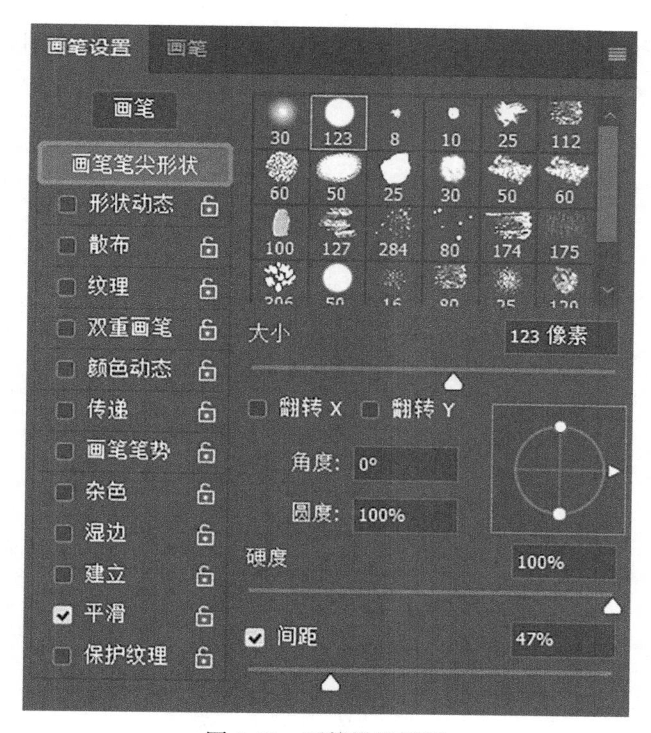

图 5-16 画笔设置面板

3. 翻转 X/翻转 Y

它可用来改变画笔笔尖在 X 轴上的方向，如图 5-17 所示；或 Y 轴上的方向，如图 5-18 所示。

图 5-17 笔尖在 X 轴

图 5-18 笔尖在 Y 轴

4. 角度

拖动“角度”选项右侧预览框中的水平轴或在文本框中输入角度值，可以调整画笔的角度，如图 5-19 所示。

图 5-19　调整画笔的角度

5. 圆度

在“圆度”文本框中输入数值，可以设置画笔短轴与长轴之间的比率。设置的值越大，笔尖越接近正常或越圆润，如图 5-20 所示。

图 5-20　调整“圆度”

6. 硬度

拖动滑块或在“硬度”文本框中输入数值，可以调整画笔边缘的虚化程度。数值越高，笔尖的边缘越清晰，如图 5-21 所示；数值越低，笔尖的边缘越模糊，如图 5-22 所示。

图 5-21　硬度高则边缘清晰

图 5-22　硬度低则边缘模糊

（二）画笔的形状动态

选中“形状动态”复选框并单击，即可进入设置界面，该选项中的参数能控制画笔笔迹的变化，如图 5-23 所示。

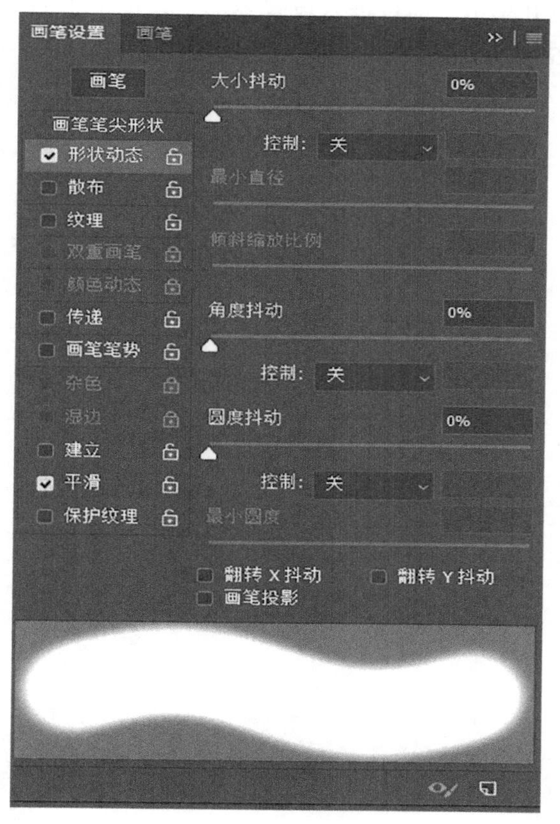

图 5-23　画笔的形状动态

拖动“大小抖动”选项下的三角形滑块或在文本框中输入参数，即可设置画笔在绘制过程中的大小波动幅度。数值越大，波动幅度越大，如图 5-24 所示。

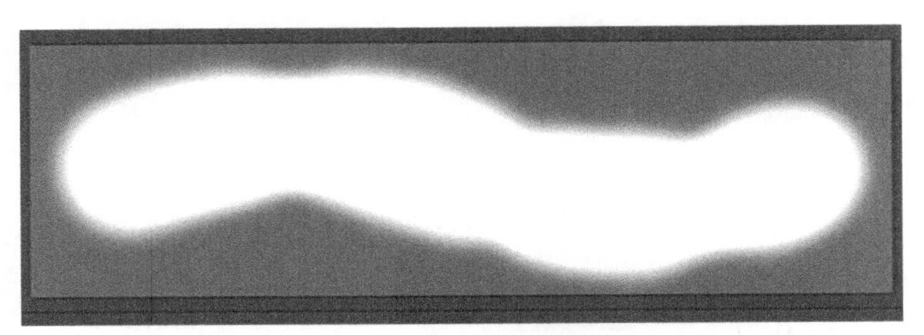

图 5-24　“大小抖动”

(三)画笔的散布

选中“散布”复选框并单击，即可进入设置界面，该选项中的参数能控制画笔笔迹的数量和分布，如图 5-25 所示。

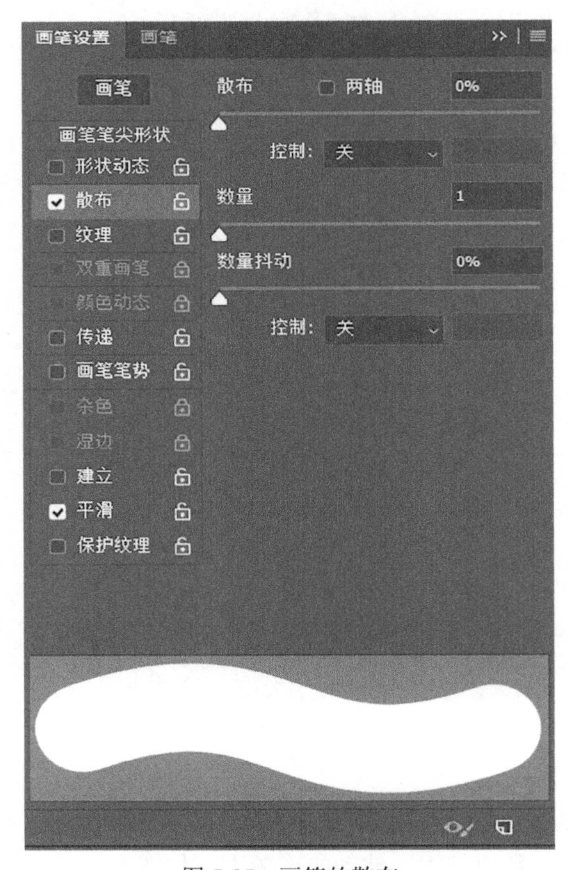

图 5-25　画笔的散布

1. 散布

拖动“散布”选项下的滑块或在文本框中输入参数，即可设置画笔偏离所绘制画笔的偏离程度，设置的值越大，偏离的程度越大，如图 5-26 所示。选中“两轴”选项，会在 X 轴与 Y 轴上都产生散布效果；不选中该选项，画笔笔画只在 X 轴分散。

图 5-26 设置画笔的偏离程度

2. 数量

拖动“数量”选项下的滑块或在文本框中输入参数，即可设置画笔绘制图案的数量，数值越大，绘制的笔画越多。

3. 数量抖动

拖动“数量抖动”选项下的滑块或在文本框中输入参数，即可控制画笔点数量的波动情况，数值越高，画笔点波动的幅度越大，如图 5-27 所示。

图 5-27 设置“数量抖动”

(四)颜色动态

纹理与双重画笔使用的频率较低，用户可自行试验，观察效果即可。“颜色动态”是用来控制两种颜色：前景色与背景色，可进行不同程度的混合，其设置界面如图 5-28 所示。

选中“颜色动态”复选框，并且选中“应用每笔尖”项，绘制的笔尖效果如图5-29所示。

1. 前景/背景抖动

拖动“前景/背景抖动”选项下的滑块或在文本框中输入参数，可以控制画笔颜色的变化情况，数值越大，画笔颜色越接近背景色；数值越小，画笔颜色越接近前景色。

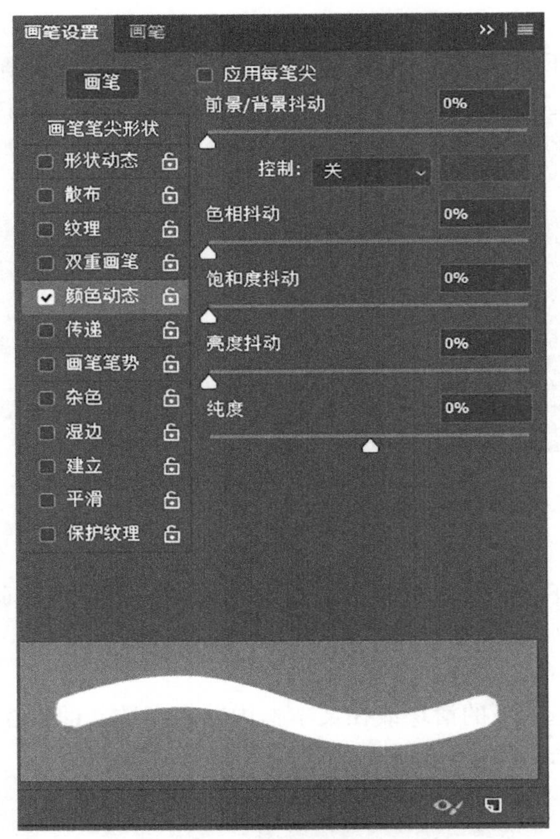

图 5-28 颜色动态

图 5-29 “应用每笔尖”效果

2. 色相抖动

“色相抖动”与前景/背景抖动一样，参数越大，色相越接近背景色；参数越小，色相越接近前景色。同理，可以设置饱和度与亮度的相关参数。

3. 纯度

“纯度”可用来设置颜色的纯度，数值越小，画笔笔迹越接近黑白色；数值越大，颜色的饱和度越高，如图 5-30 所示。

图 5-30　颜色的纯度

四、定义画笔预设

在 Photoshop 中使用画笔工具时，除了可以选择软件自带的和导入的画笔外，用户还可以将绘制的图像定义为画笔。绘制完图像后，执行“编辑”→“定义画笔预设”命令，在弹出的窗口中设置画笔名称，然后单击“确定”按钮即可，如图 5-31 所示。新的画笔位置在所有画笔的最下方。

图 5-31　自定义画笔

绘制的图像颜色是丰富多彩的，但定义为画笔后，原图像中的黑色在该画笔中变为纯色，其他颜色变为半透明，如图 5-32 所示。

图 5-32　定义为画笔后颜色的变化

第三节　钢 笔 工 具

在 Photoshop 中，使用钢笔工具可以绘制多种样式的图像元素，如路径、形状，而且通过添加锚点以及操作每个锚点的控制手柄，可以灵活地改变图形的形状。钢笔工具组中除了钢笔工具以外，还包括添加锚点工具、删除锚点工具、自由钢笔工具、弯度钢笔工具和转折点工具。

一、钢笔工具

在 Photoshop 中，使用钢笔工具，可以绘制多种多样的路径或形状。选中钢笔工具之后，先在工具属性栏目中设置相关参数，绘制完成之后，利用属性栏可以再次修改参数。

（一）绘制形状

使用钢笔工具绘制形状前，需要在工具属性栏的绘图模式中选中“形状”选项，设置各项参数，如图 5-33 所示。

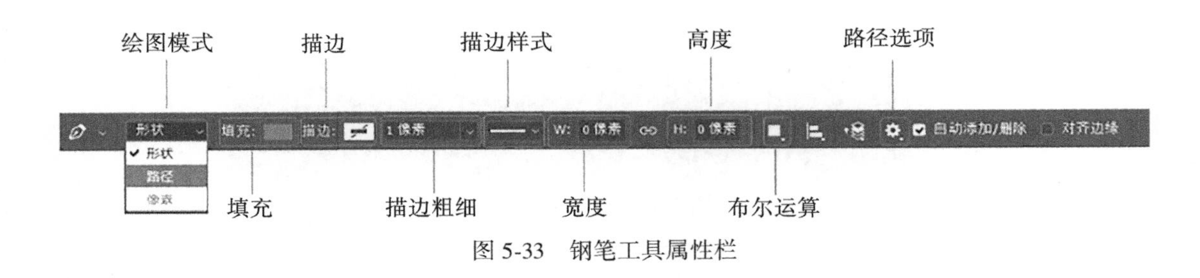

图 5-33　钢笔工具属性栏

在绘图模式中选择“形状”，绘制好图像后，单击色块可以调出填充设置面板，如图 5-34 所示。如选中“无填充”，则所绘制形状无填充色；如选中“纯色”，单击拾色器，可以在拾色器中设置填充的颜色；如选中“渐变填充”，可以在面板中设置渐变颜色和渐变方式；如选择“图案填充”，可以选择一种图案进行填充。

“描边”参数只能在绘图模式为“形状”时有效，设置方式与“填充”相同。

“描边粗细”参数可以控制描边的粗细，单击其后的下拉菜单按钮，在弹出的控制条上拖动滑块即可调整描边大小，也可以在文本框中输入数值，如图 5-35 所示。

单击描边样式选项框，在弹出的面板中可以选择描边的样式(直线、虚线)，如图5-36 所示。单击“更多选项”按钮，可以自定义虚线描边样式，如对齐、角点、端点、虚线与间隙，如图 5-37 所示。

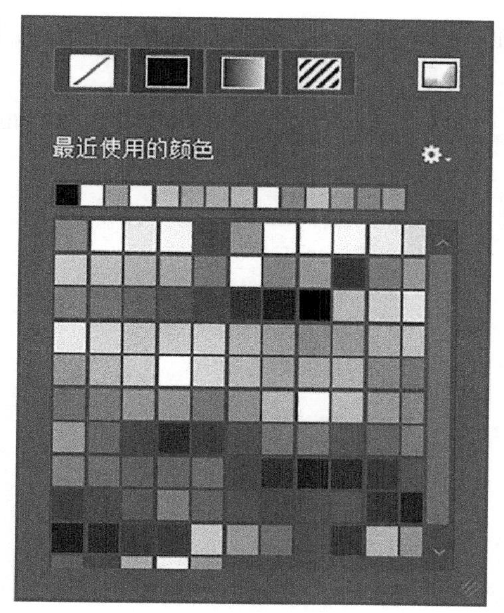

图 5-34　填充设置面板

图 5-35　调整描边大小

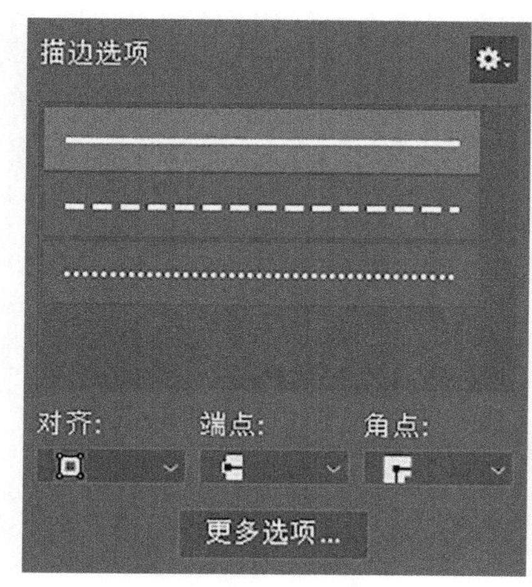

图 5-36　描边样式

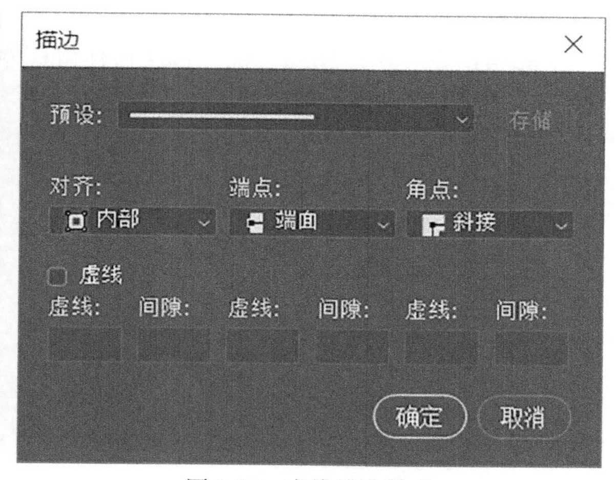

图 5-37　虚线描边样式

在“宽度/高度”文本框中输入数值即可改变所绘制图像的大小，选中宽度与高度中间的链条 ，可以锁定长宽比。

单击“布尔运算”按钮，可以在下拉菜单选项中选择所需要的布尔运算，如图 5-38 所示。

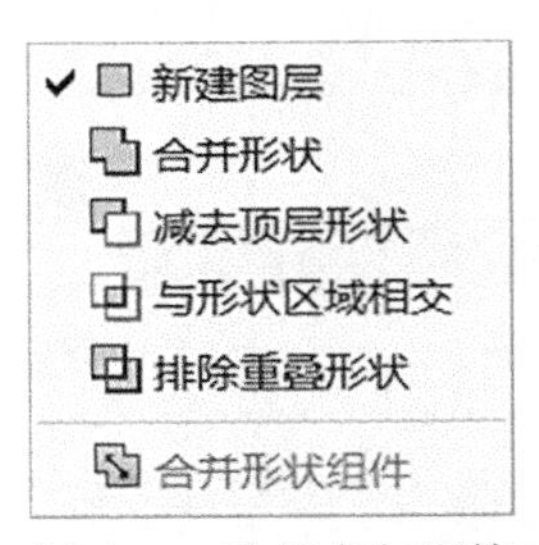

图 5-38　选择布尔运算

单击“路径选项”按钮，在弹出的面板可以对路径线的粗细、颜色进行设置，勾选“橡皮带”选项之后，在绘制形状或路径时，可以显示路径的走向，如图 5-39 所示。

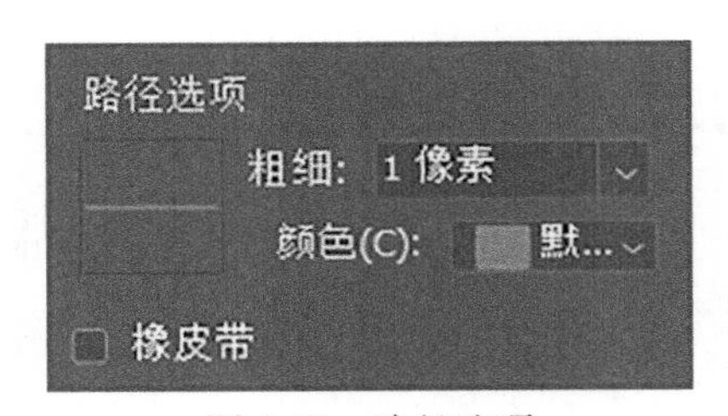

图 5-39　路径选项

选中钢笔工具，在工具属性栏中设置好相关参数，即可在画布中绘制所需要的图形。使用钢笔工具绘制形状时，即可绘制直线，如图 5-40 所示；也可以绘制曲线，如图 5-41 所示。当需要创建由直线组成的形状时，先在画布中单击鼠标左键以创建一个起始锚点，然后移动光标，再次单击鼠标左键即可创建直线；当需要创建由曲线组成的形状时，首先创建一个起始锚点，然后移动光标，再次按住鼠标左键并拖动即可绘制曲线。

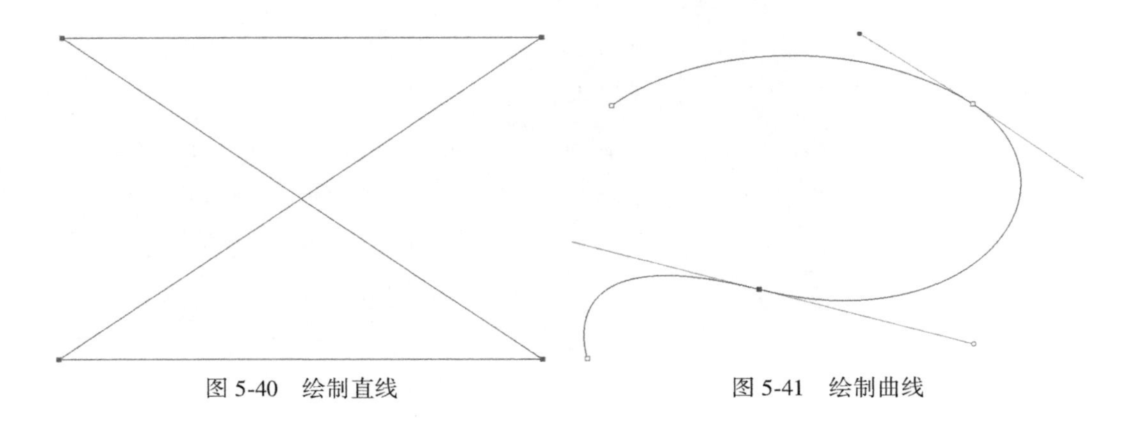

图 5-40　绘制直线　　　　图 5-41　绘制曲线

（二）绘制路径

使用钢笔工具绘制路径之前，需要在工具属性栏的绘图模式中选择“路径”选项并设置各项参数，如图 5-42 所示。

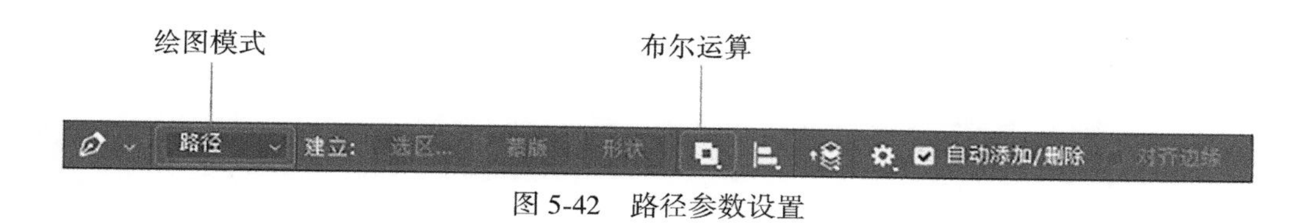

图 5-42　路径参数设置

使用钢笔工具可以绘制直线或曲线路径，绘制方式与绘制形状时一样。如要绘制闭合路径，则要使最后一段路径的终点与起始点重合，如图 5-43 所示；如要绘制开放路径，则要绘制完最后一段路径后，按住 Ctrl 键的同时单击空白区域即可，如图 5-44 所示。

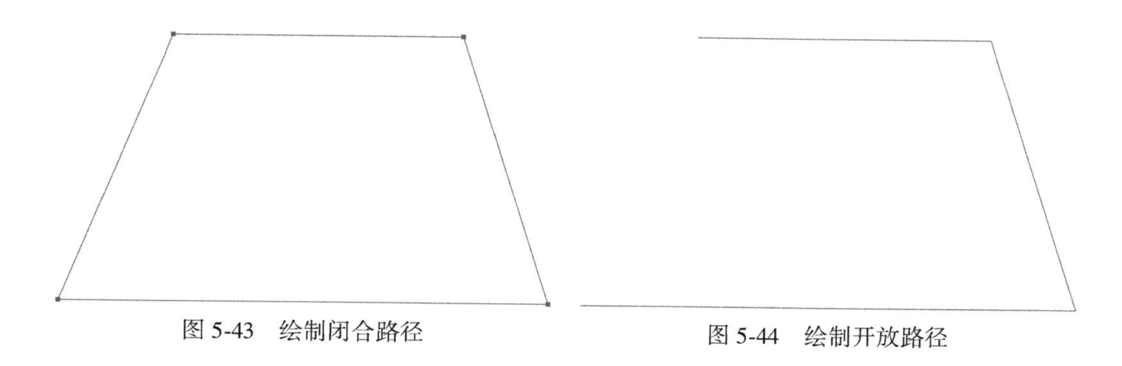

图 5-43　绘制闭合路径

图 5-44　绘制开放路径

绘制完路径后，通过工具属性栏可以再次编辑该路径。在“路径”面板中选中绘制的路径之后，在钢笔工具属性栏中单击“选区”选项，可以将路径转化为选区，选择选区可以抠取素材图片，因此，使用钢笔工具可以完成精确抠图。如在钢笔属性栏中选中“蒙版”选项，则可以创建蒙版；如选中“形状”选项，可以将路径转换为具有填充和描边属性的形状。

二、自由钢笔工具

自由钢笔工具与钢笔工具类似，可以绘制路径和形状，不同的是，自由钢笔工具能绘制比较随意的路径和形状，不需要手动创建锚点，只须按住鼠标左键并拖动即可绘制路径或形状，如图 5-45 所示。

三、弯度钢笔工具

弯度钢笔工具具有与钢笔工具相似的属性，选中该工具绘制图形之前，要在属性栏中选择绘制绘图模式，如形状、路径。而弯度钢笔工具绘制的路径或形状都是弯曲的，不能绘制直线，如图 5-46 所示。

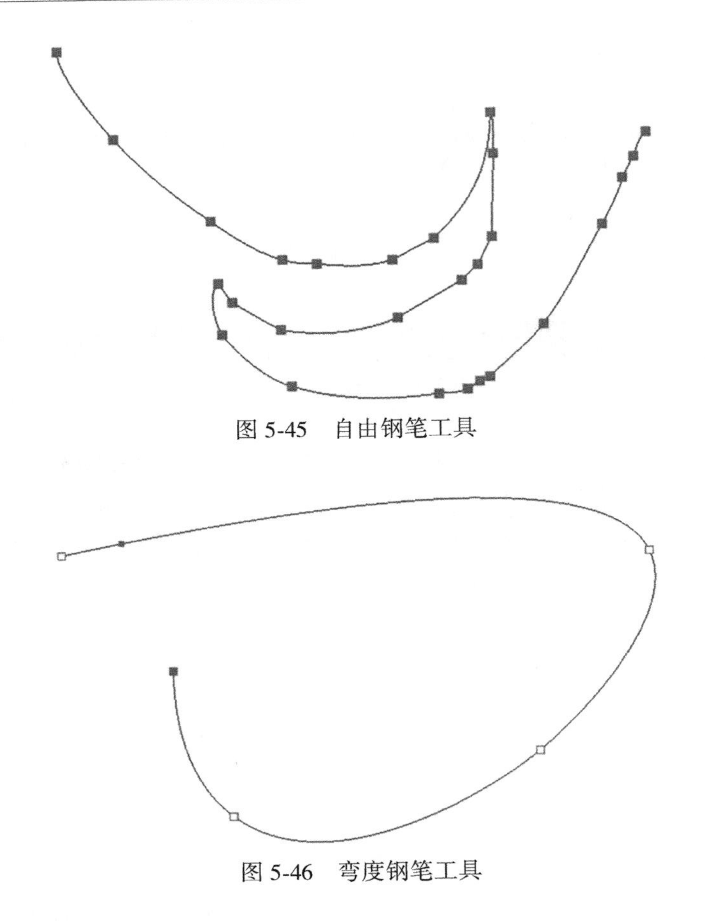

图 5-45　自由钢笔工具

图 5-46　弯度钢笔工具

四、添加/删除锚点工具

使用钢笔工具或形状工具绘制完路径或形状之后，路径上有很多控制的锚点，使用钢笔工具组中的添加锚点工具，可以在路径上增加锚点，如图 5-47 所示；使用删除锚点工具，可以删除路径上的锚点，如图 5-48 所示。

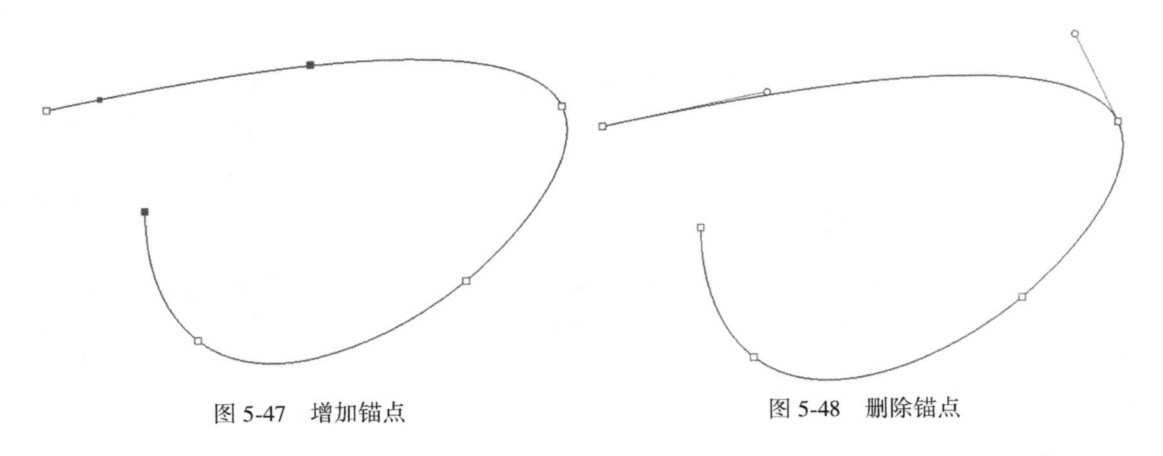

图 5-47　增加锚点　　图 5-48　删除锚点

使用添加锚点工具，增加路径上的锚点时，可先将光标置于路径上需要添加锚点的位置，此时光标图标变换为，再单击鼠标左键，可以添加锚点。

使用删除锚点工具删除路径上对的锚点时，需要先将鼠标光标置于锚点上，此时光标变换为，再单击鼠标左键，可删除该锚点。如需要同时删除多个锚点，可以在选中删除锚点工具之后，选中所有需要删除的锚点，然后再按 Delete 键，即可将选中的锚点全部删除。

第四节　形状工具组

在 Photoshop 中，除了可以使用钢笔工具组中的工具绘制具有矢量属性的图像以外，还可以使用形状工具绘制路径和形状。形状工具组包括矩形工具、椭圆工具、圆角矩形工具、多边形工具、直线工具、自定形状工具，如图 5-49 所示。

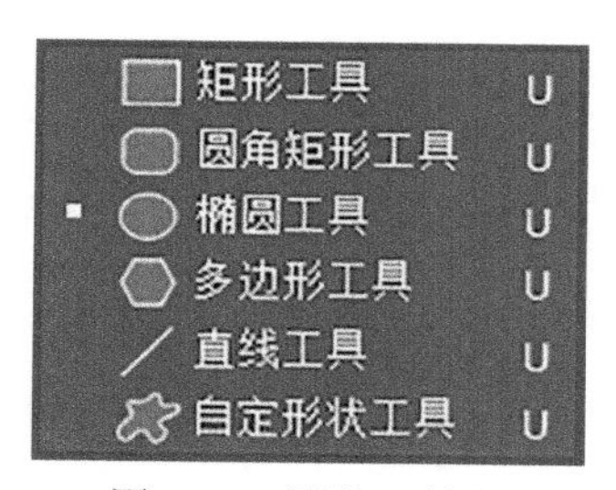

图 5-49　形状工具组

一、矩形工具

矩形工具可以绘制矩形和正方形的路径、形状和像素图形，使用矩形工具绘制图像之前，需要在工具属性栏中设置绘图模式，如图 5-50 所示；在工具属性栏中设置参数，如图 5-51 所示。

图 5-50　设置绘图模式

图 5-51　在工具属性栏中设置参数

矩形工具栏与钢笔工具栏类似，以“形状”模式为例，设置好各项参数之后，将光标置于画布中，按住鼠标左键并拖动，即可在画布中绘制矩形，如图 5-52 所示。如要创建正方形，在绘制图像的同时按住 Shift 键即可，如图 5-53 所示。

图 5-52　绘制矩形

图 5-53　绘制正方形

绘制完图像之后，通过工具栏可以对图像进行再次编辑操作，如修改填充或描边颜色、调整宽度和大小等。对于图像大小，还可以使用自由变换工具来修改。

二、圆角矩形工具

圆角矩形工具可以绘制具有圆角效果的矩形和正方形，通过工具属性栏可以设置圆角的大小，参数越大，圆角就越大，如图 5-54 所示。

图 5-54　圆角矩形工具属性栏

圆角矩形工具属性栏中的大部分参数与矩形工具的设置相似。选中圆角矩形工具之后，首先在属性栏中设置绘图模式、圆角半径和其他属性，然后将光标置于画布中，按住鼠标左键并拖动，即可完成绘制圆角矩形，如图 5-55 所示。

图 5-55　绘制圆角矩形

当圆角矩形绘制完成之后，不能在属性栏中修改圆角半径。此时应执行"窗口"→"属性"命令，在弹出的"属性"面板中可以修改圆角矩形的圆角半径，如图 5-56 所示。

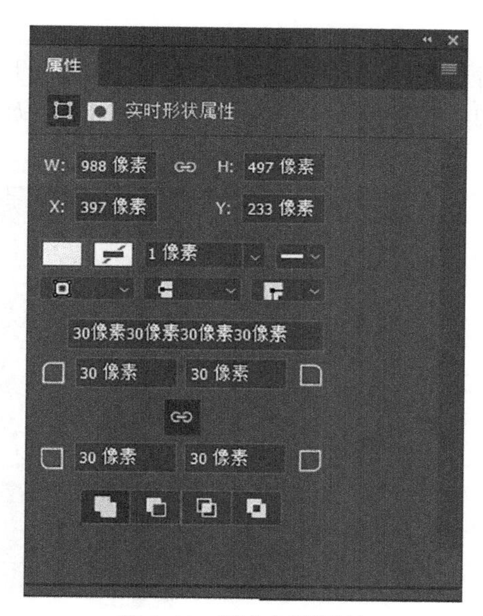

图 5-56　圆角矩形属性

在"属性"面板的"实时形状属性"选项栏中可以修改已绘制圆角矩形的宽度、填充/描边的样式和颜色、圆角参数的半径、羽化参数等。在修改圆角参数时，可以在参数输入框中输入数值，也可以将光标置于按钮上，按鼠标左键并拖动，向右拖曳以增大圆角，向左拖曳以减小圆角，选中中间的链条时，可以同时更改 4 个角的圆角半径。

"属性"面板中还有"蒙版"选项栏，单击"属性"面板中的对应按钮，可以切换至蒙版设置面板，如图 5-57 所示。

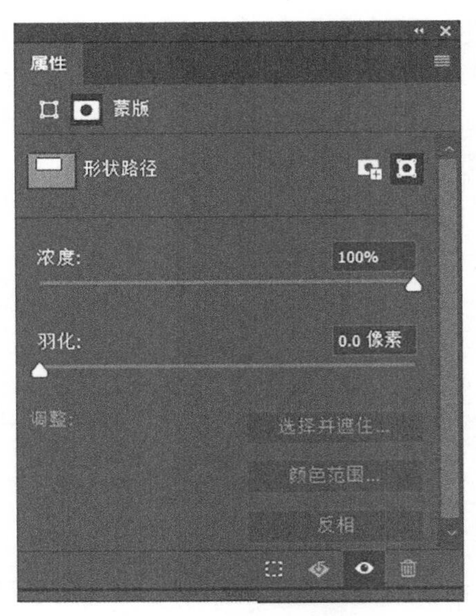

图 5-57　蒙版设置面板

在“羽化”选项的输入框中输入数值或者拖动滑块，可以设置形状的羽化效果，数值越小，羽化的效果越不明显；数值越大，羽化的效果越明显，如图 5-58 所示。

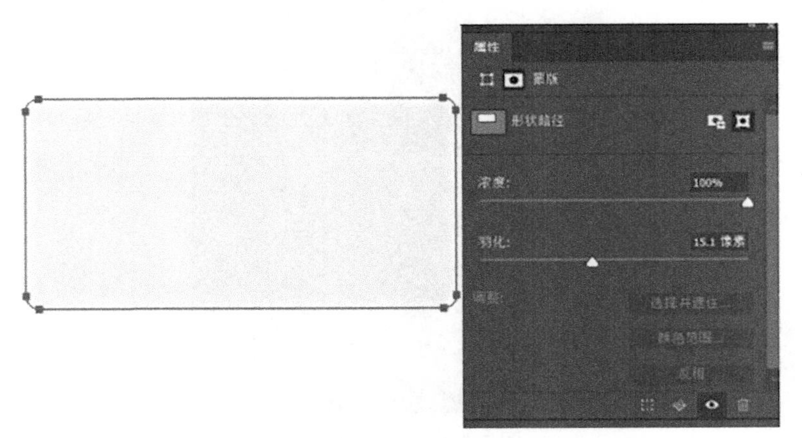

图 5-58　羽化设置

三、椭圆工具

椭圆工具可以绘制椭圆和圆形两种形状，属性栏设置与矩形工具属性栏类似。选择椭圆工具之后，在属性栏中选择需要的绘图模式，然后将光标置于画布中，按住鼠标左键并拖动即可绘制椭圆，如图 5-59 所示。如需要绘制正圆形，可以按住 Shift 键或 Shift+Alt 组合键进行创建，如图 5-60 所示。

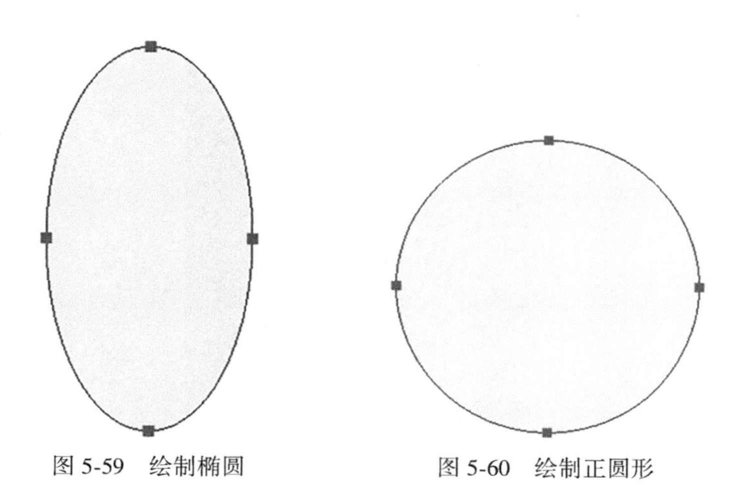

图 5-59　绘制椭圆　　图 5-60　绘制正圆形

绘制好椭圆之后，执行“窗口”→“属性”命令，可以在“属性”面板中设置椭圆的大小、羽化值等参数。

四、多边形工具

多边形工具可以绘制正多边形和星形形状，选中多边形工具之后，可以在工具属性栏中对参数进行设置，包括绘图模式、边数等，如图 5-61 所示。

图 5-61　多边形工具属性栏

在边数文本框中可输入数值，数值范围在 3—100 之间的整数。例如，输入的数值为 3，可以创建正三角形；输入的数值为 6，可以创建正六边形，如图 5-62 所示。

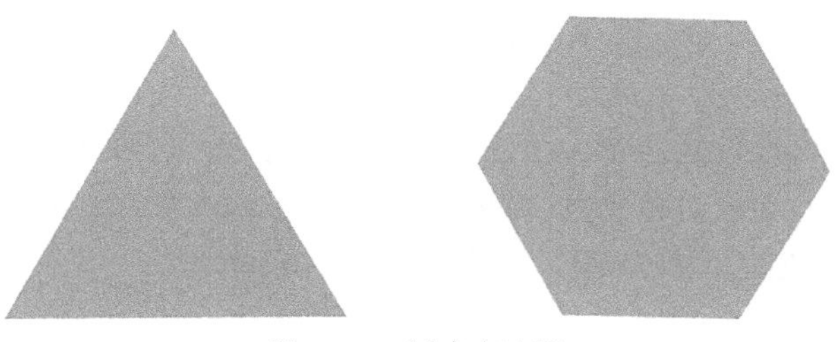

图 5-62　创建多边形

设置其他形状和路径选项时，单击属性栏中的“路径选项”按钮，在弹出的面板中可以设置“星形”参数，参数设置如图 5-63 所示。

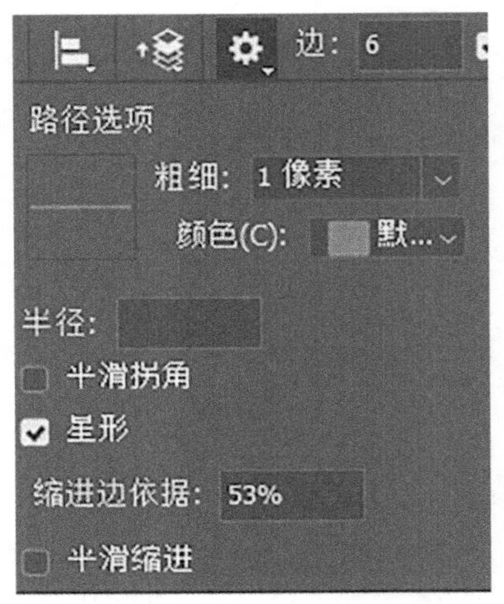

图 5-63　“星形”参数

“半径”选项可以用来设置多边形或者星形的半径大小，在文本框中输入需要的数值，然后将光标置于画布中，按住鼠标左键并拖动，即可创建多边形。

勾选“平滑拐角”复选框，可以绘制出具有平滑拐角效果的多边形或星形，如图 5-64 所示。

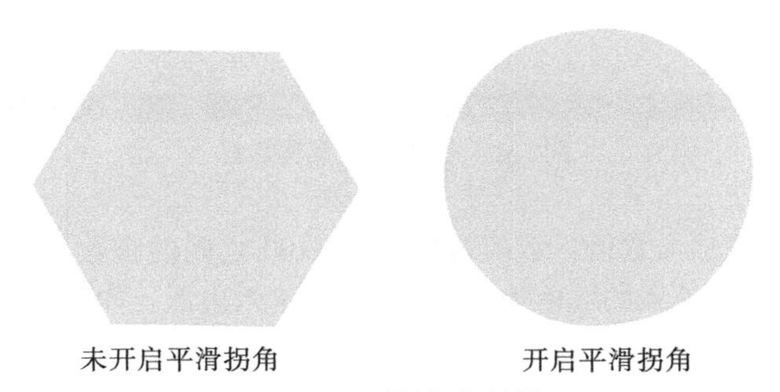

图 5-64　平滑拐角效果

勾选星形选框，可以创建星形，下方的“缩进边依据”选项可以控制缩进的程度，数值越大，星形越尖锐。缩进边依据为 30%，效果如图 5-65 所示；缩进边依据为 50%，效果如图 5-66 所示；缩进边依据为 90%，效果如图 5-67 所示。

五、直线工具

直线工具可以绘制直线或者带有箭头的直线，选中直线工具之后，可以在属性栏中设置相关参数，如绘图模式、填充或描边的颜色和样式等，如图 5-68 所示。在“粗线”文本框中输入数值，可以控制直线的粗细，数值越大，直线越粗。

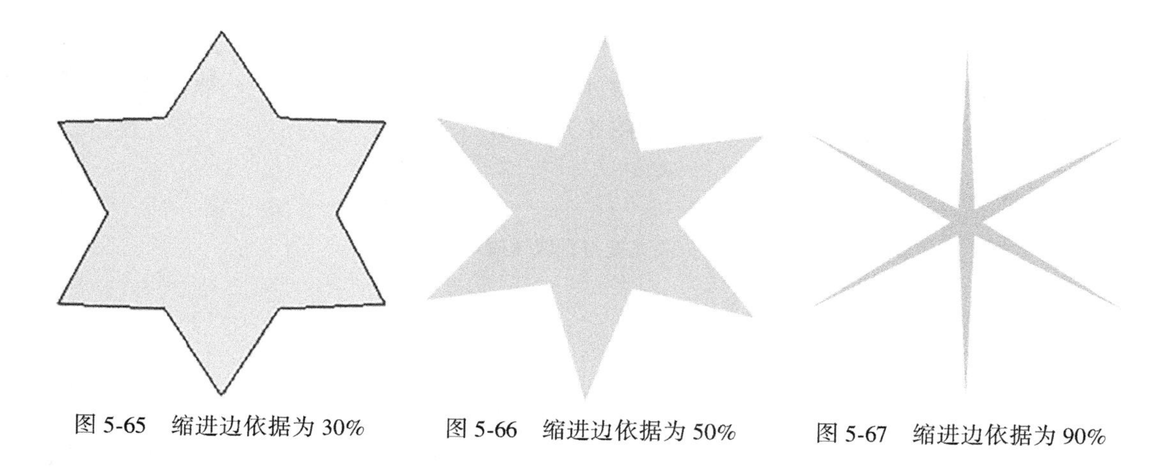

图 5-65　缩进边依据为 30%　　图 5-66　缩进边依据为 50%　　图 5-67　缩进边依据为 90%

图 5-68　直线工具属性栏

如要绘制带有箭头的直线，可以单击属性栏中的按钮进行设置，如图 5-69 所示。

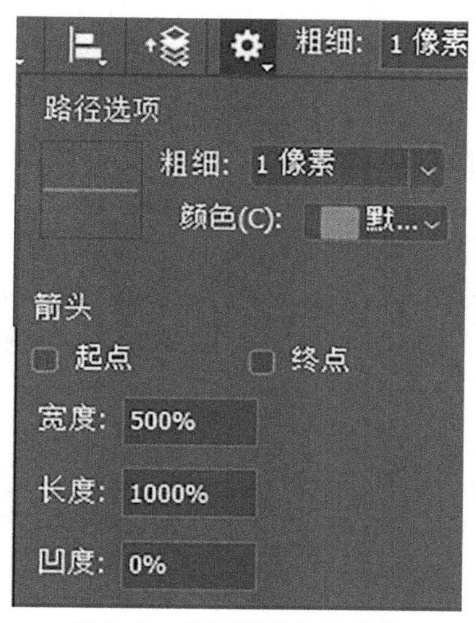

图 5-69　绘制带箭头的直线

勾选“起点”复选框，可以在直线的起点添加箭头，如图 5-70 所示；勾选“终点”复选框，可以在直线的终点添加箭头，如图 5-71 所示；同时勾选“起点”和“终点”复选框，可以在直线的起点和终点都添加箭头，如图 5-72 所示。

图 5-70　起点添加箭头　　图 5-71　终点添加箭头　　图 5-72　起点与终点添加箭头

“宽度”选项可以用来设置箭头的宽度与直线宽度的百分比，范围在 10%—1000%，数值越小，箭头的宽度与直线宽度的对比度不是很明显，如图 5-73 所示；数值越大，箭头的宽度与直线宽度的对比度越明显，如图 5-74 所示。

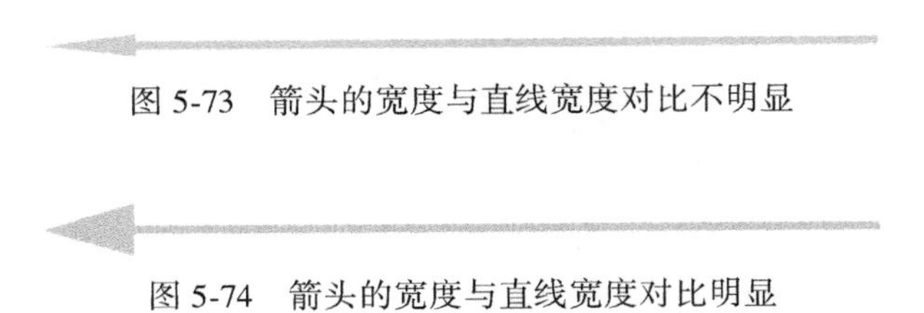

图 5-73　箭头的宽度与直线宽度对比不明显

图 5-74　箭头的宽度与直线宽度对比明显

“长度”选项可以用来设置箭头长度与直线长度的百分比，范围在 10%—1000%，数值越小，箭头长度与直线长度的对比越不明显，如图 5-75 所示；数值越大，箭头长度与直线长度的对比越明显，如图 5-76 所示。

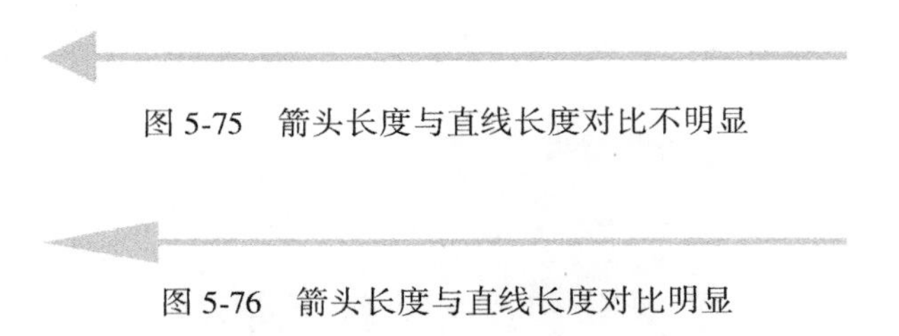

图 5-75　箭头长度与直线长度对比不明显

图 5-76　箭头长度与直线长度对比明显

“凹度”选项可以用来设置箭头的凹陷程度，范围在-50%—50%。当参数设置为 0 时，箭头尾部对齐，如图 5-77 所示；当参数设置为正值时，箭头的尾部向内凹陷，如图 5-78 所示；当参数设置为负值时，箭头尾部向外凸出，如图 5-79 所示。

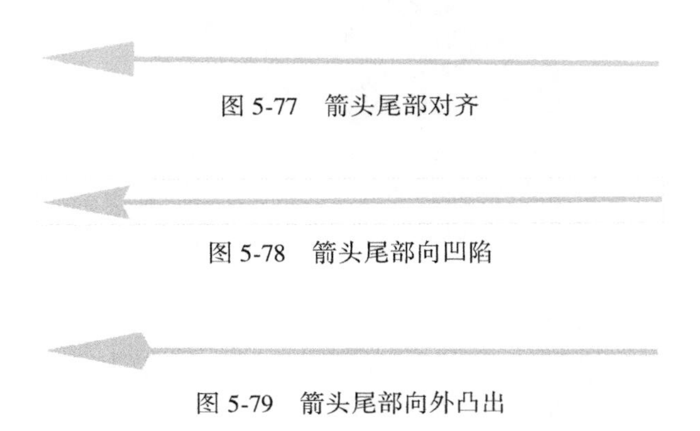

图 5-77　箭头尾部对齐

图 5-78　箭头尾部向凹陷

图 5-79　箭头尾部向外凸出

六、自定义形状工具

自定义形状工具可以创建多种样式的形状、路径和像素，选中自定义形状工具之后，可以在属性栏中设置相关参数，如填充或者描边的颜色和样式、形状等，如图 5-80 所示。

图 5-80　自定义形状工具属性栏

单击属性栏中“形状”的下拉按钮，在弹出的预设形状中，可以选择需要的形状，如图 5-81 所示。在使用自定义形状时，除了可以使用 Photoshop 自带的形状外，还可以载入外部形状。

图 5-81　预设形状

在自定义形状的属性栏中，选中需要的形状之后，将光标置于画布中，按住鼠标左键并拖动，可以绘制出所选择样式的形状，如图 5-82 所示。

图 5-82　绘制所选样式

为避免形状变形严重的问题，在绘制形状之前，需要单击属性栏中的按钮，然后在弹出的面板中选择“定义的比例”按钮，如图 5-83 所示，也可以选择使用快捷键，按住 Shift 键或者 Shift+Alt 组合键，可以绘制原始比例的图像，如图 5-84 所示。

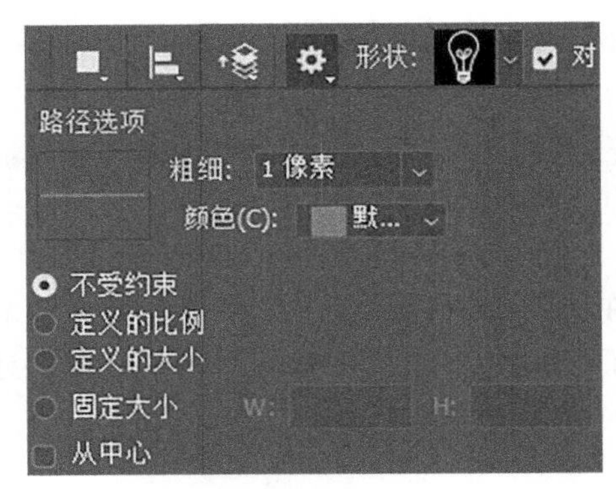

图 5-83　选择“定义的比例”

图 5-84　原始比例的图像

第五节　路径与形状编辑

在 Photoshop 中，使用钢笔工具和形状工具绘制好形状或路径之后，需要对这些形状或路径进行再次编辑，使图像符合实际需要。Photoshop 工具栏中的路径选择工具和直接选择工具，可以再次编辑路径，通过“路径”面板也可以对路径进行相关操作。

一、路径选择工具

移动工具可以移动选中图层中的图像，如文字、像素图像、形状等。如果需要移动的对象是路径，则必须使用路径选择工具，使用此工具可以移动路径、删除路径、复制路径等。

前文已经讲解了路径的概念，使用钢笔工具和形状工具可以绘制路径，也可以绘制带有路径的形状。当绘制的元素为形状时，使用路径选择工具移动的不仅是路径，也有形状，如图 5-85 所示；使用直接选择工具选中路径之后，按住 Delete 键，既会删除路径，也会删除形状。

图 5-85　移动路径或形状

使用移动工具搭配快捷键 Alt 可以复制图层内的图像，而使用路径选择工具搭配快捷键 Alt 可以复制路径，如图 5-86 所示。

图 5-86　复制图像或路径

二、直接选择工具

使用直接选择工具，可以选中路径上的一个锚点或多个锚点，然后对选中的锚点进行移动、删除等操作，如图 5-87 所示。如果要选中多个锚点，按住 Shift 键的同时点选需要选择的锚点即可。

图 5-87　直接选择工具

直接选择工具的另一个作用在于调节锚点的控制手柄，从而调整路径的弯曲程度和方向。选中直接选择工具之后，单击需要调整的锚点，此时锚点的两条控制手柄显示出来，将光标放在需要调节的控制手柄的端点，按住鼠标左键并拖动即可调整路径，如图 5-88 所示。

图 5-88　调整路径

三、“路径”面板

“路径”面板中设置了许多功能按钮，如填充路径、描边路径、载入选区、添加蒙版、删除路径等，如图 5-89 所示。需要注意的是，“路径”面板中的功能按钮有各自对应的使用场景，例如，如路径是形状路径，“路径”面板中●、○、⬚都将无法使用。

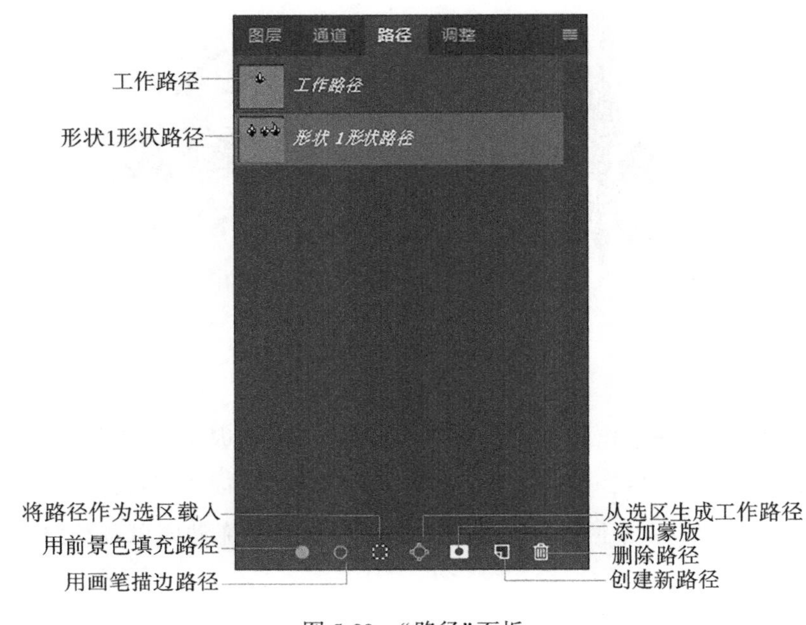

图 5-89　“路径”面板

使用钢笔工具或形状工具绘制路径之后，在“路径”面板中选中此路径，再单击用前景色填充路径按钮，可以使此路径填充前景色，如图 5-90 所示。需要注意的是，该路径必须为“路径”模式下绘制的路径，形状路径不适用。

图 5-90　使用此路径填充前景色

用画笔描边路径按钮可以将画笔工具与路径结合起来，绘制出精美的图像。先在“路径”面板中选中工作路径，然后选中画笔工具，并在属性栏中设置好画笔预设，接着单击“路径”面板中的按钮，即可为路径添加画笔描边，如图 5-91 所示。

图 5-91　为路径添加画笔描边

使用钢笔工具或形状工具绘制路径之后，在“路径”面板中选中此路径，再单击将路径作为选区载入按钮，可以将路径载入选区，如图 5-92 所示。

图 5-92 将路径载入选区

使用选区工具绘制好选区之后，再单击“路径”面板中的从选区生成工作路径按钮，即可将选区转换为路径，如图 5-93 所示。

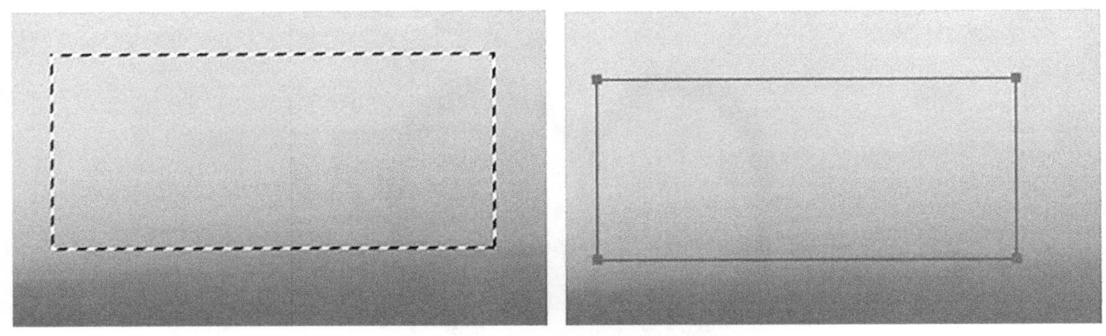

图 5-93 将选区转换为路径

单击创建新路径按钮，可以创建一个新的路径，按住 Alt 键的同时单击此按钮，在弹出的“新建路径”对话框中可以对名称进行设置。将路径拖曳到“新建路径”图标上，可以复制此路径；将路径拖曳到“删除路径”按钮上，即可删除此路径。

四、布尔运算

形状的布尔运算被广泛地运用于图形设计中，特别是图标设计、logo 设计等。绘制形状时，根据实际需要，可以在形状属性栏中选择布尔运算的样式，如图 5-94 所示。

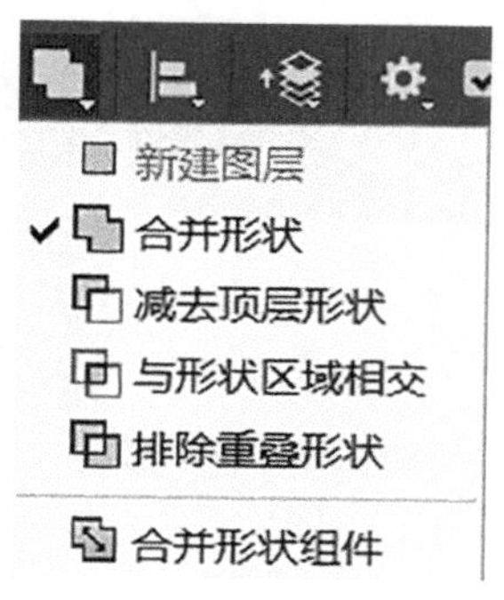

图 5-94　布尔运算的样式

每绘制一次形状，“图层”面板中都会新增一个形状图层，每个形状之间不会产生合并、交叉等运算，如图 5-95 所示。

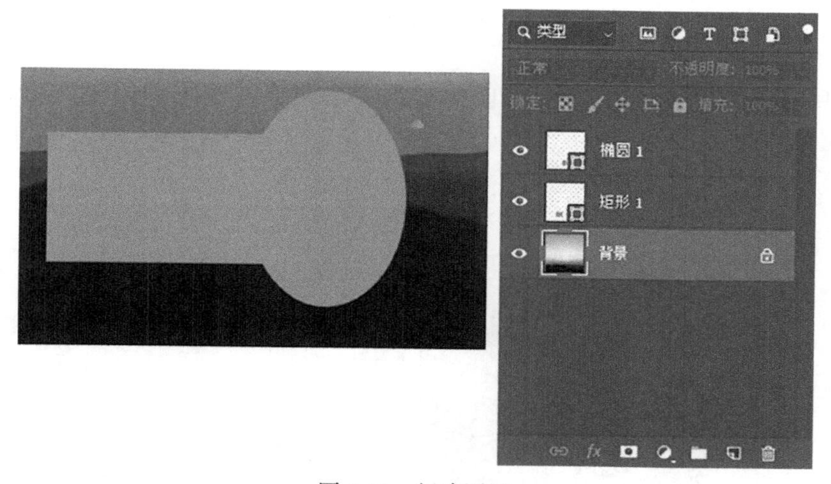

图 5-95　新建图层

选中“合并形状”选项，新绘制的图形会添加到原有的图形中，并且“图层”面板中不会新增形状图层，如图 5-96 所示。如果要单独编辑合并形状中的某个形状，可以使用路径选择工具选中此形状的路径，再进行移动、删除、自由变换等操作。

选中“减去顶层形状”选项，可以从原来图形中减去新绘制的图形，并且“图层”面板中不会新增形状图层，如图 5-97 所示。

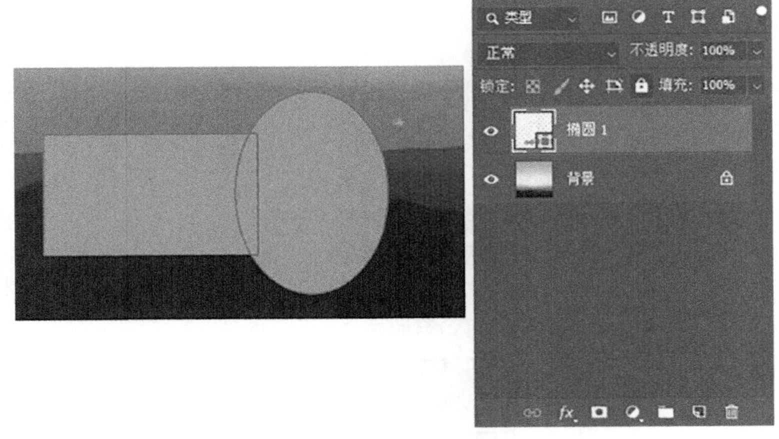

图 5-96 合并形状

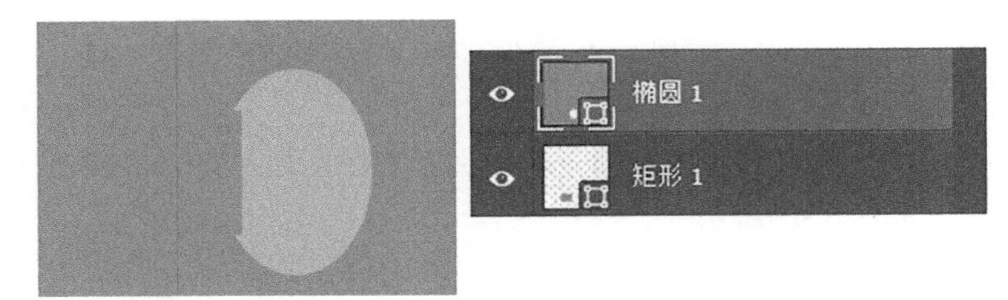

图 5-97 减去顶层形状

选中“与形状区域相交”选项，可以得到新图形与原有图形的交叉区域，如图 5-98 所示。

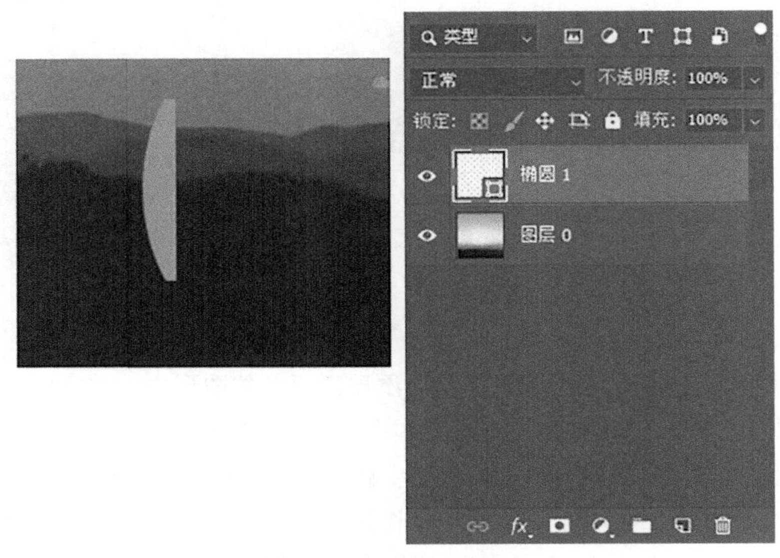

图 5-98 与形状区域相交

选中“排除重叠形状”选项，可以得到新图形与原有图形重叠部分以外的区域，如图5-99所示。

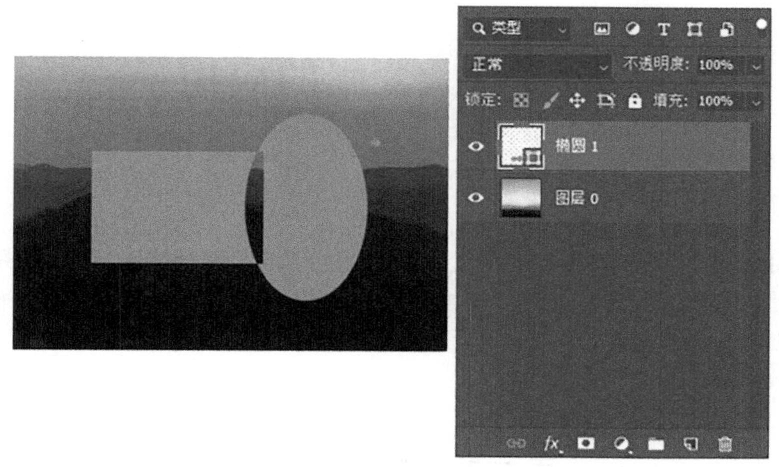

图 5-99　排除重叠形状

使用布尔运算绘制完成形状之后，选中路径选择工具，单击某一路径，然后在按住Shift键的同时单击其他的路径，可以同时选中多条路径，在属性栏中选中“合并形状组件”选项，可以将选中的路径合并，如图5-100所示。

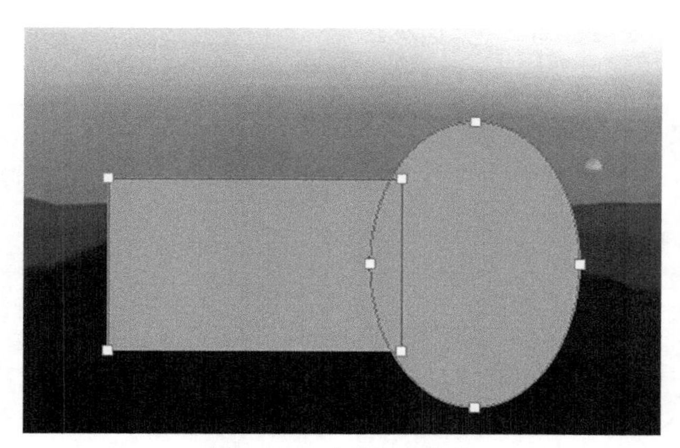

图 5-100　合并形状组件

第六章　蒙版的应用

◎ 本章介绍：

在 Photoshop 中，使用蒙版可以完成很多实用性操作，如抠图、隐藏部分图像等。蒙版分为四种：快速蒙版、图层蒙版、剪贴蒙版和矢量蒙版。每种蒙版的作用和使用方法都不一样，本章将介绍四种蒙版的使用方法。

第一节　快 速 蒙 版

快速蒙版没有隐藏部分图像的功能，但结合画笔等工具创建选区，可以抠图或者编辑选区内图像等。

使用鼠标左键，单击工具栏下方的按钮或者按 Q 键，可以进入快速蒙版编辑模式，这时候“图层”面板中的当前图层颜色变为深红色，如图 6-1 所示；在“通道”面板中自动创建“快速蒙版”通道，如图 6-2 所示。

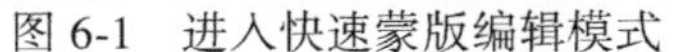
图 6-1　进入快速蒙版编辑模式

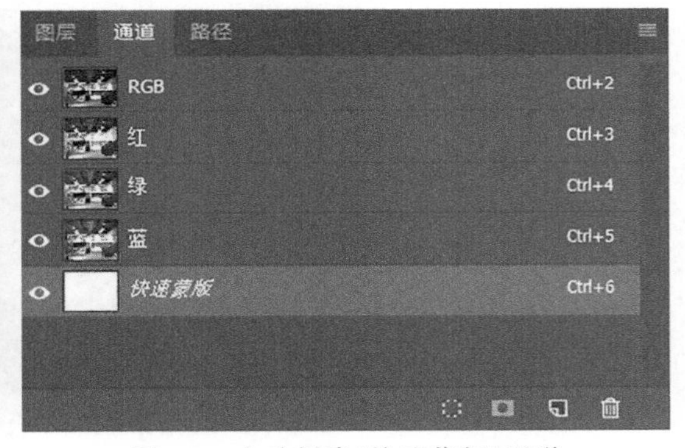

图 6-2　自动创建“快速蒙版”通道

进入快速蒙版编辑模式之后，可以使用绘画工具在图像上进行绘制，绘制的区域会变成半透明状，如图 6-3 所示。绘制完成以后，鼠标左键再次单击按钮，半透明区域以外的区域会载入选区，按 Ctrl+J 组合键可以将选区内的图像抠取出来。在 Photoshop 中，可以使用多种方法精确地抠取图像，快速蒙版抠图略微粗糙一些。

图 6-3　绘制区域变成半透明

第二节　图层蒙版

图层蒙版是与分辨率相关的位图图像，可以使用绘画或者选择工具进行编辑。图层蒙版是一种非破坏性的编辑工具，可以返回并重新编辑蒙版，但是不会丢失蒙版隐藏的像素。在“图层”面板中，图层蒙版显示为图层缩览图右边的附加缩览图，该缩览图代表添加图层蒙版时创建的灰色通道。

图层蒙版中有黑、白、灰三种颜色。蒙版中的黑色区域可以遮盖当前图层中的图像，显示出下面图层中的内容；蒙版中的白色区域是可以遮盖下面图层中的内容，只是显示当前图层中的图像；蒙版中的灰色区域会根据其灰度值，使当前图层中的图像呈现出不同层次的效果。

一、创建图层蒙版

在 Photoshop 中，图层分为很多种不同的类型，如像素图层、文字图层、形状图层等，这些图层是可以创建图层蒙版的。在“图层”面板中，选中需要添加蒙版的图层，单击“图层”面板下方的按钮，即可以为选中的图层创建蒙版，如图 6-4 所示。

在图层蒙版中，白色区域代表显示，黑色区域代表隐藏，灰色区域代表半透明。创建图层蒙版之后，可以使用画笔工具，以填充、滤镜等操作编辑蒙版的黑、白、灰范围，如图 6-5 所示。图层蒙版中的颜色都为白色，在该图层中的图像将全部完整地显示，如图 6-6所示；如果要隐藏该图像中的“人”，可以使用画笔工具，在属性栏中将不透明度设置为 100%，并将前景色设置为黑色，然后在图像上涂抹，即可将“人”隐藏，如图 6-7 所示。

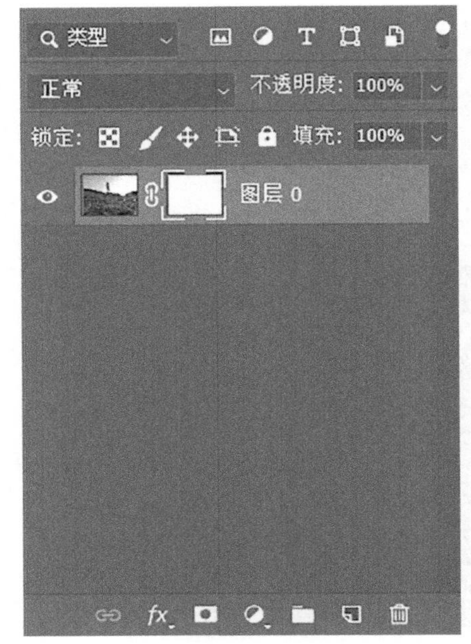

图 6-4　为图层创建蒙版

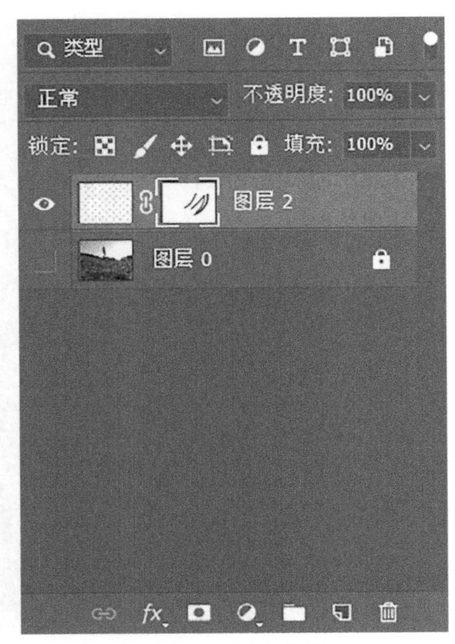

图 6-5　创建蒙版

图 6-6　完整显示

图 6-7　隐藏图像中的“人”

在使用画笔等工具编辑图层蒙版之前，需要确保图层蒙版处于被选中状态。由于蒙版工具是非破坏性工具，因此可以将隐藏的图像再次显示，只须将前景色设置为白色，然后在选中的图层蒙版的前提下，选中画笔工具并在需要显示的图像上进行涂抹。

二、停用图层蒙版

创建图层蒙版并编辑完成之后，如果要停用此蒙版，可以先选中此蒙版，然后单击鼠标右键，在弹出的快捷菜单中选中“停用图层蒙版”选项，如图 6-8 所示。除此之外，还可以使用快捷键停用图层蒙版，首先选中图层蒙版，然后按住 Shift 键的同时单击图层蒙版缩览图即可，再执行此操作可重新启用图层蒙版。

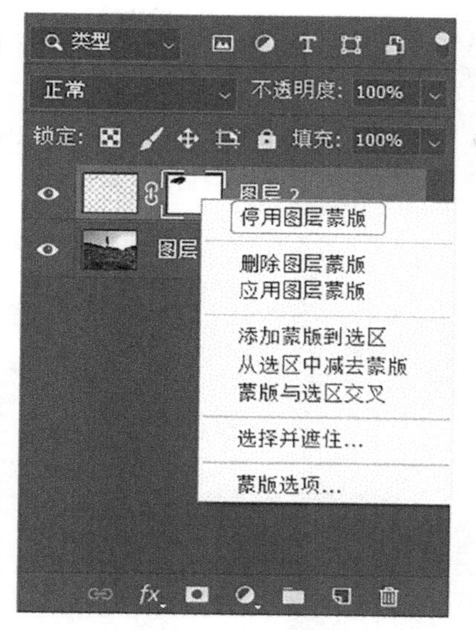

图 6-8　选中“停用图层蒙版”选项

三、移动图层蒙版

创建图层蒙版并编辑完成之后，可以将此蒙版移动到其他图层上，如图 6-9 所示。选中此图层，按住鼠标左键并拖动到某一图层上，再松开鼠标即可，如图 6-10 所示。

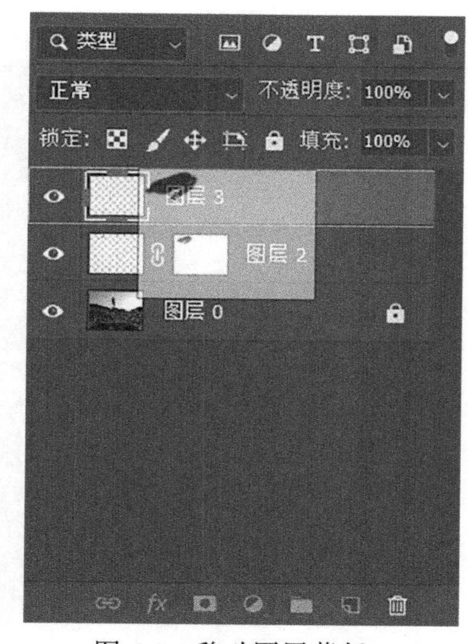

图 6-9　移动图层蒙版 1

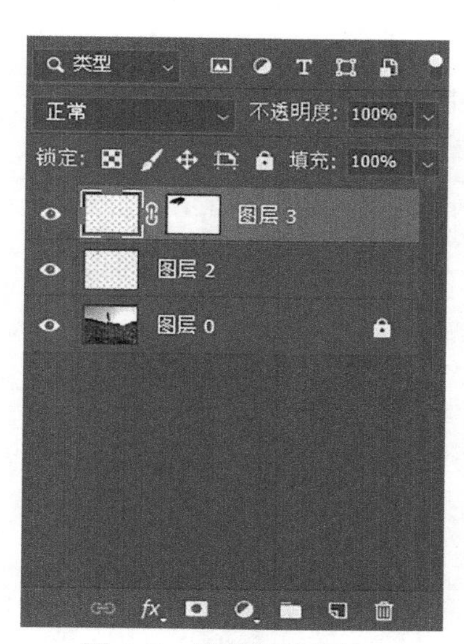

图 6-10　移动图层蒙版 2

一个图层的图层蒙版可以复制到另外一个图层上。如图 6-11 所示。首先选中需要复制的图层蒙版，按住 Alt 键的同时按住鼠标左键并拖曳到另外一个图层上，然后松开鼠标即可，如图 6-12 所示。

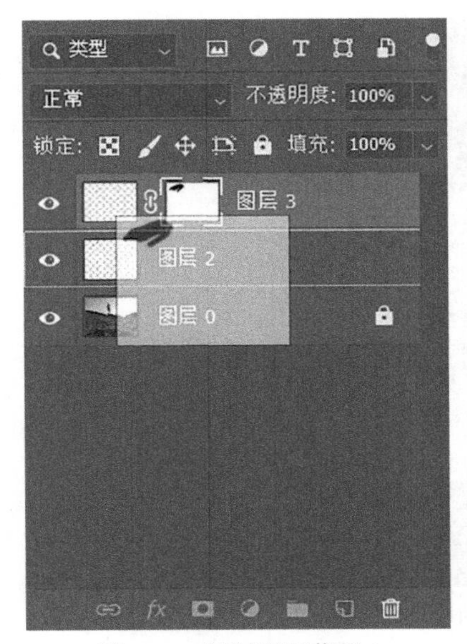

图 6-11　复制图层蒙版 1

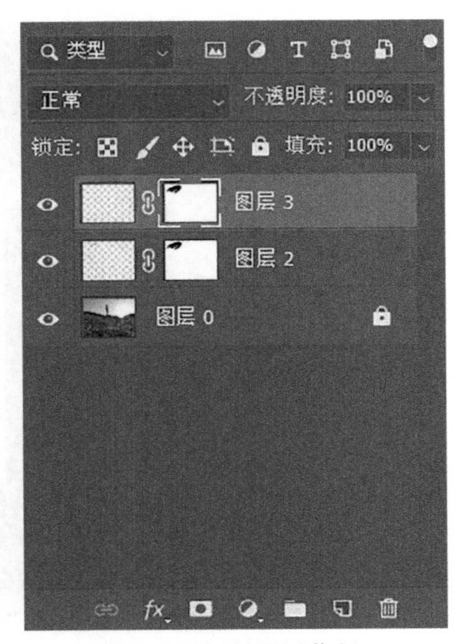

图 6-12　复制图层蒙版 2

四、删除图层蒙版

创建图层蒙版之后，可以删除此蒙版。首先选中需要删除的图层蒙版，如图 6-13 所示，然后单击鼠标左键，在弹出快捷菜单中选中“删除图层蒙版”选项即可，如图 6-14 所示。

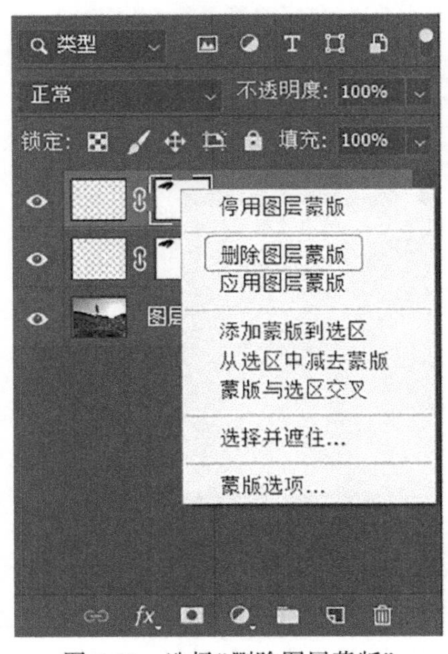

图 6-13　选择“删除图层蒙版”

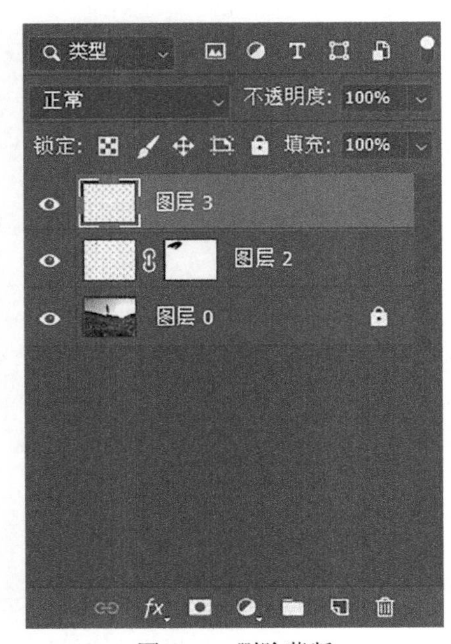

图 6-14　删除蒙版

除此之外，还有另外一种快捷的删除方法。首先，选中图层蒙版，然后，按住鼠标左键并拖动到图层面板右下方的“删除”按钮，松开鼠标即可删除。

第三节 剪贴蒙版

在使用 Photoshop 制作图片时，经常需要将某个图像显示在一定形状或区域之内，或者在使用调整层调整图像颜色时，只须调整某一部分图像的颜色。这些操作都会用到剪贴蒙版。

一、剪贴蒙版概述

剪贴蒙版可以使上层图像的内容只在下层图像的范围内显示。剪贴蒙版由基底图层和内容图层两部分组成。上层图层是指内容图层；下层图层是指基底图层。内容图层可以有多个，基底图层必须与内容图层相邻，具体结构如图 6-15 所示。

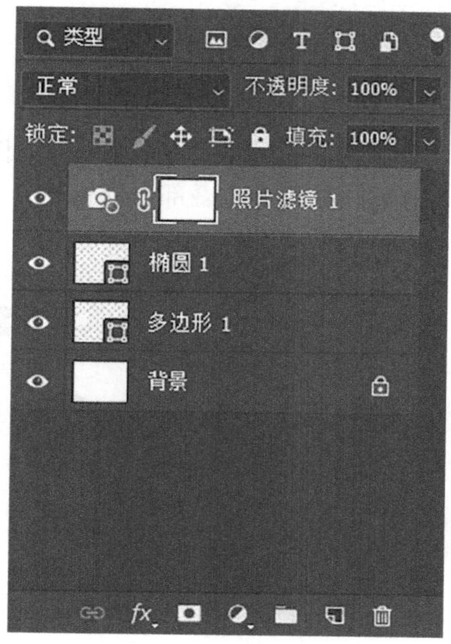

图 6-15 内容图层与基底图层

二、创建与释放剪贴蒙版

打开不少于三个图层的 PSD 格式的文件，如图 6-16 所示。选中内容图层 1，将鼠标放在图层名称后方的空白处，单击鼠标右键，在弹出的快捷菜单中选择“创建剪贴蒙版”选项，然后将“图层 1”的图像显示在下方图层图像的范围内。除此之外，还可以选中内容图层之后，按 Ctrl+Alt+G 组合键来创建剪贴蒙版。

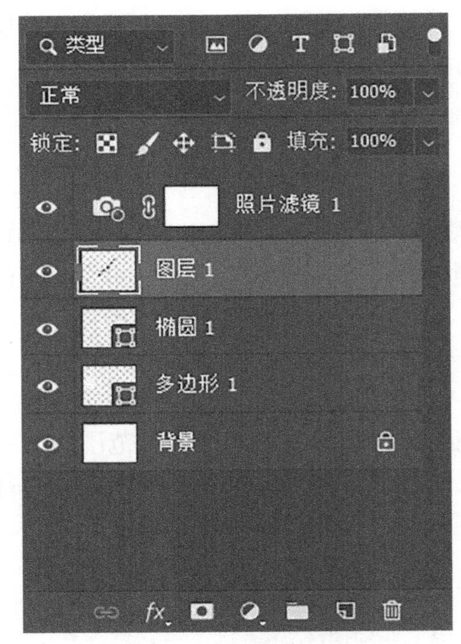

图 6-16　打开 PSD 文件

创建剪贴蒙版之后，上层内容图层的图像只在与下层基底图层重叠的范围显示，内容图层的非重叠部分会被隐藏，基底图层的非重叠部分依然显示，如图 6-17 所示。

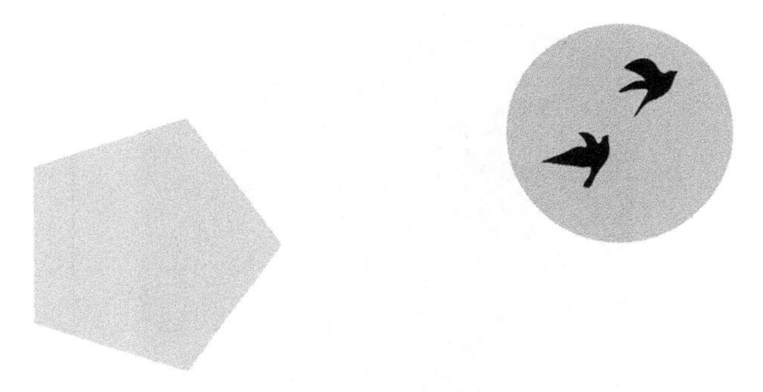

图 6-17　重叠与非重叠

剪贴蒙版可以释放。选中内容图层，将光标置于图层名称之后的空白处，单击鼠标右键，在弹出的快捷菜单中选择“释放剪贴蒙版”选项。除此之外，还可以按 Ctrl+Alt+G 组合键来释放剪贴蒙版。

第四节　矢量蒙版

矢量蒙版与图层蒙版类似，都能在不破坏原有图像的前提下隐藏部分图像。通过使用矢量工具绘制闭合路径，路径以内的图像会显示，路径以外的图像会被隐藏。

一、创建矢量蒙版

矢量蒙版就是通过矢量工具绘制蒙版区域的工具。选中需要创建矢量蒙版的图层，按Ctrl 键的同时单击“图层”面板下方的按钮，可以为图层创建矢量蒙版，然后选中钢笔工具或形状工具，在属性栏中设置绘图模式为“路径”，在图像中绘制闭合路径，即可使路径内的图像显示，如图 6-18 所示。

图 6-18　创建矢量蒙版

除此之外，还有另外一种创建矢量蒙版的方式，先使用钢笔或形状工具绘制闭合路径，执行“图层”→“矢量蒙版”→“当前路径”命令，可以为选中的图层创建矢量蒙版，路径内的图像会显示，路径外的图像则被隐藏，如图 6-19 所示。

创建完成矢量蒙版之后，可以选中直径选择工具编辑路径的锚点，如图 6-20 所示；然后使用路径选择工具整体移动路径的位置，如图 6-21 所示；还可以与快捷键一起使用，进行路径的布尔运算，如图 6-22 所示。

二、链接矢量蒙版

给某个图层创建完成蒙版之后，图层缩览图与蒙版缩览图之间有一个链接标志，代表矢量蒙版与图层链接在一起，如图 6-23 所示；选择移动工具移动此图层时，矢量蒙版会跟图层一起移动，移动后的图像效果如图 6-24 所示。

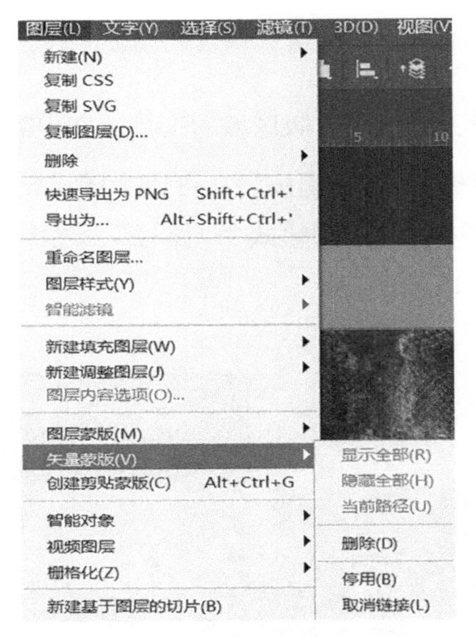

图 6-19　使用“当前路径”命令

图 6-20　编辑路径的锚点

图 6-21　移动路径的位置

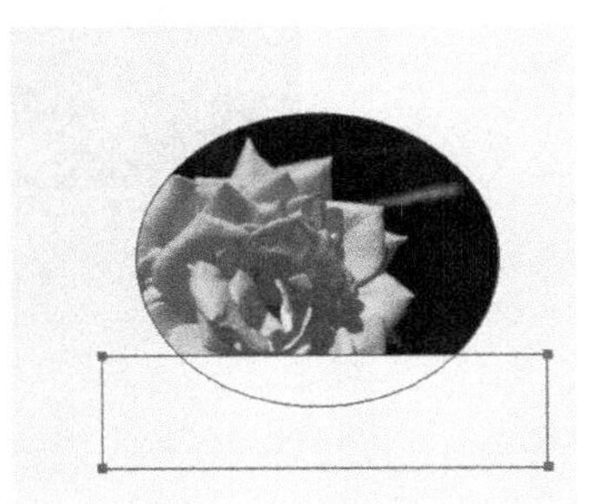

图 6-22　进行路径的布尔运算

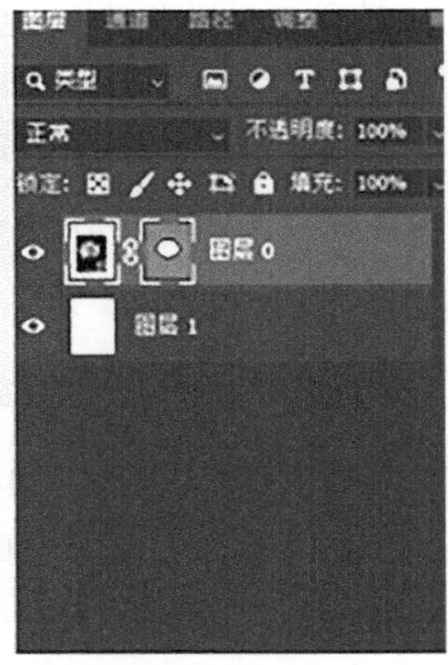

图 6-23　矢量蒙版与图层链接

图 6-24　链接后的图像效果

单击图层缩览图与蒙版缩览图之间的链接标志，可以取消二者之间的链接，如图 6-25 所示；取消链接之后，移动或变换图层中的图像时，蒙版不会发生任何变化，如图 6-26 所示。取消链接之后，单击链接标志的位置可以对链接再次激活。

图 6-25　取消图层与矢量蒙版的链接

图 6-26　取消链接后的图像效果

三、删除矢量蒙版

矢量蒙版的删除方法与图层蒙版的删除方法一样，停用矢量蒙版的方法与图层蒙版的方法相同。先选中矢量蒙版，然后单击鼠标右键，在弹出的快捷菜单中选择“停用矢量蒙版”选项，如图 6-27 所示。除此之外，还可以使用快捷方式停用矢量蒙版，按 Shift 键的同时将光标放在矢量蒙版的缩览图上，再单击鼠标左键即可。

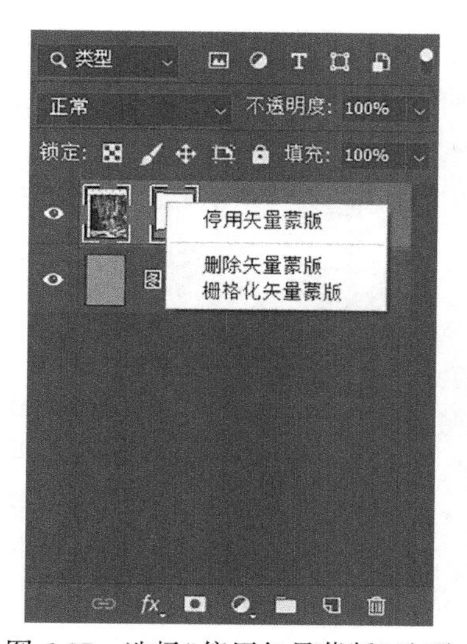

图 6-27　选择“停用矢量蒙版”选项

第七章　图层基础操作

◎ 本章介绍：

在 Photoshop 中，图层可以将图像中的元素精确定位，还可以加入文本、表格、图片等，甚至可以再嵌套图层。本章将详细讲解图层的基础操作。

第一节　应用图层样式

图层样式是图层中最重要的功能之一，可以为图层添加描边、阴影、外发光、浮雕等样式，甚至还可以改变图层中图像的整体显示效果。

一、添加图层样式

选择需要添加图层样式的图层，执行“图层”→“图层样式”命令，通过“图层样式”子菜单中相应的选项，可以为图层添加图层样式。

除此之外，还可以单击“图层”面板底部的“添加图层样式”按钮，在弹出的快捷菜单中选择相应的样式，如图 7-1 所示，然后在弹出的“图层样式”对话框中设置需要的参数值，如图 7-2 所示。

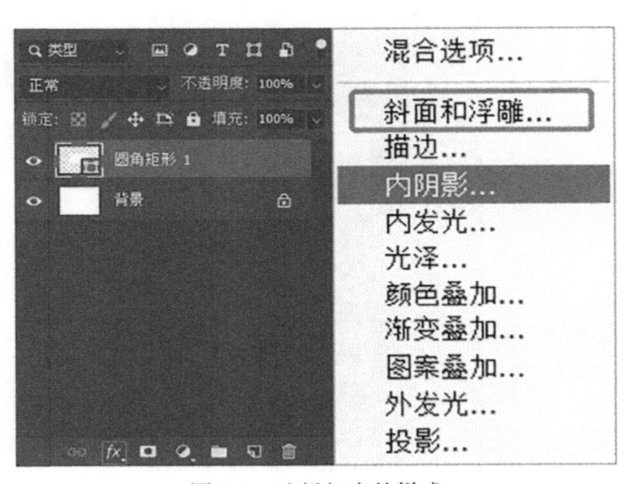

图 7-1　选择相应的样式

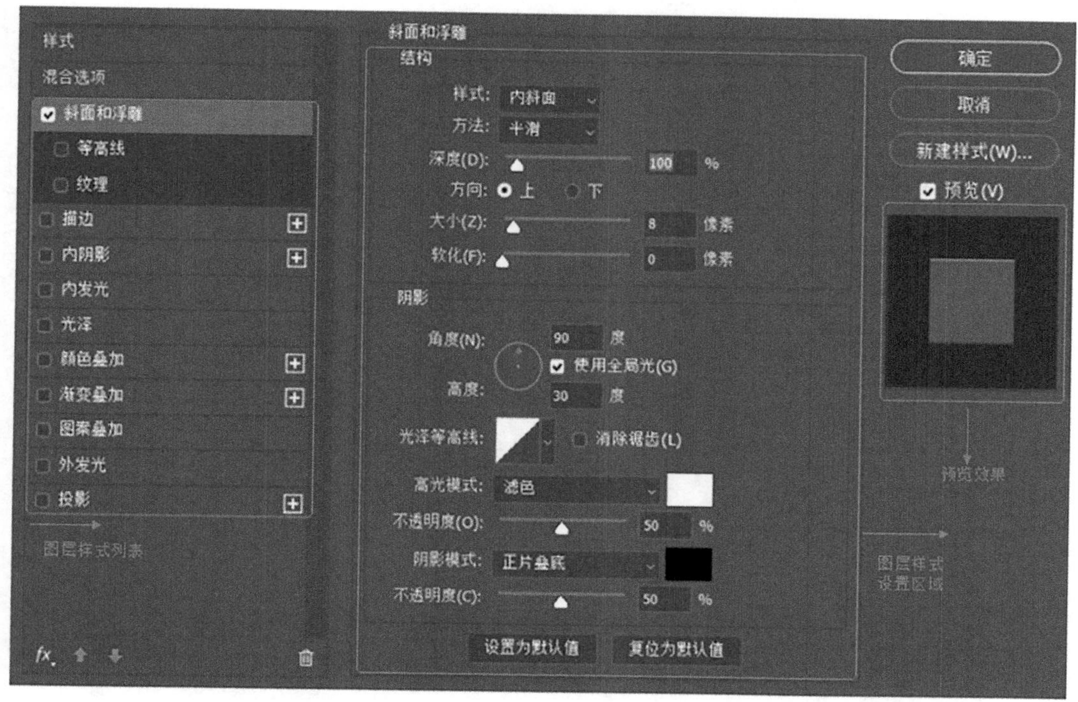

图 7-2　设置参数

二、“样式”面板

“样式”面板中有常用的预设样式，用户可以快速创建出各种立体效果，提高工作效率。如要为形状应用“样式”面板中的图层样式，首先在“图层”面板中选中相应的图层，如图 7-3、图 7-4 所示。然后，打开“样式”面板，在“样式”面板中单击选择需要的样式，如图 7-5 所示，所选图层就会应用相应的样式效果，如图 7-6 所示。

图 7-3　选中图层 1

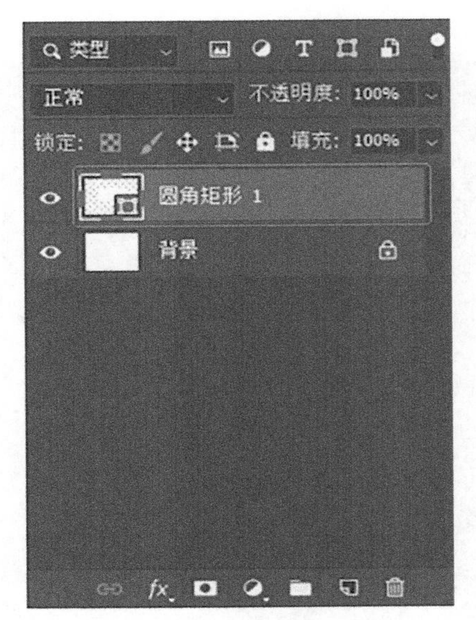

图 7-4　选中图层 2

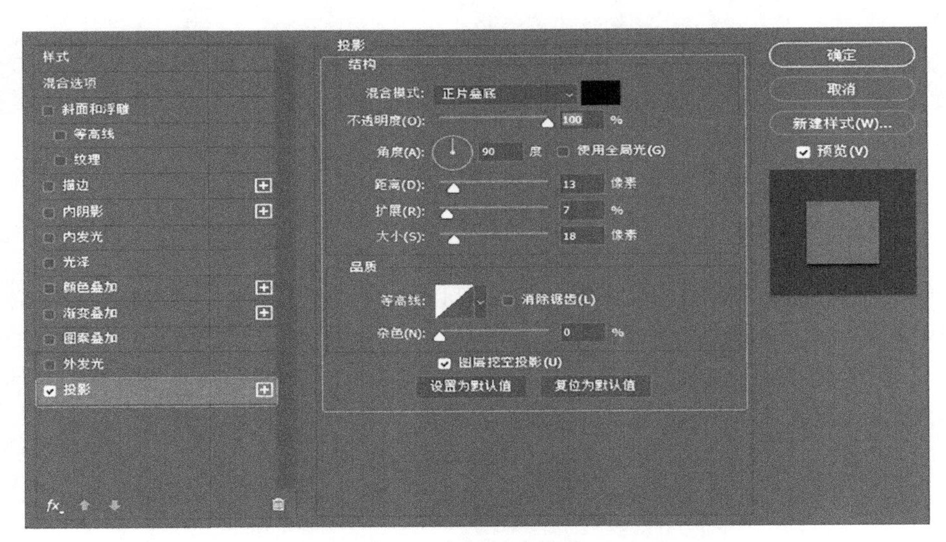

图 7-5　应用样式效果 1

图 7-6　应用样式效果 2

三、导入外部样式

在 Photoshop CC2019 中，预设的相关图层样式都在“样式”面板中，执行“窗口”→“样式”命令，即可打开“样式”面板。

如须导入外部样式，单击“样式”面板右上方的按钮，在弹出的面板菜单中选择“导入样式”选项，如图 7-7 所示。然后在弹出的“载入”对话框中浏览并选择需要的样式文件，如图 7-8 所示，再单击“载入”按钮即可将制定样式载入“样式”面板，如图 7-9 所示。

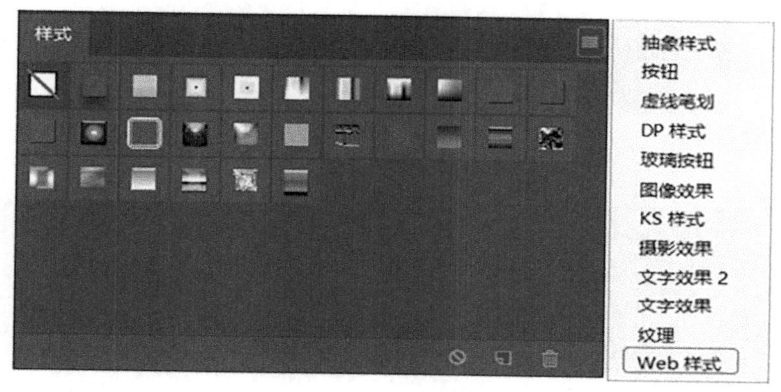

图 7-7　导入样式

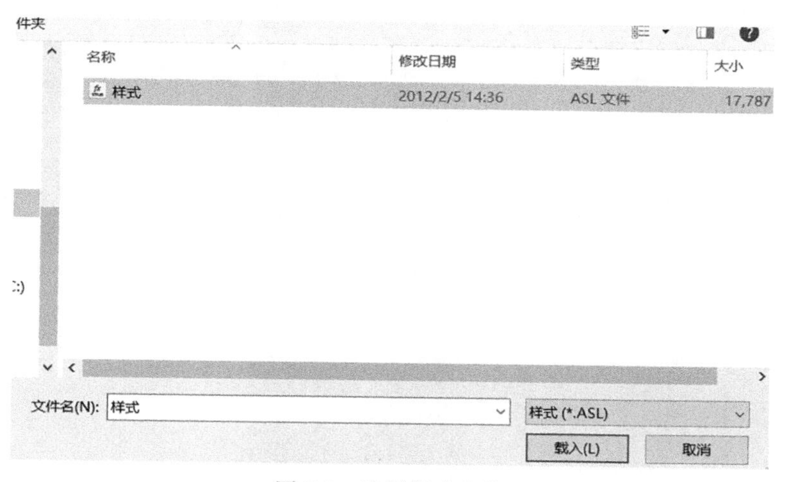

图 7-8　选择样式文件

四、显示“样式面板”的方式

使用“样式”面板扩展菜单中的“仅文本”“小缩览图”“大缩览图”“小列表”和“大列表”5 个选项，可以设置样式预览图的大小和模式，如图 7-10 所示。

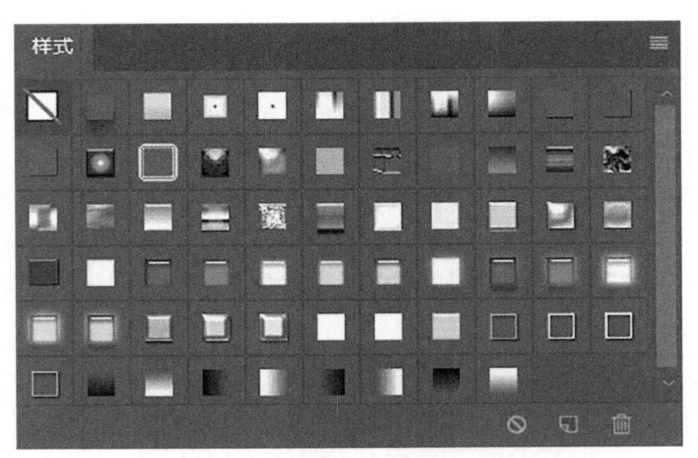

图 7-9　载入样式

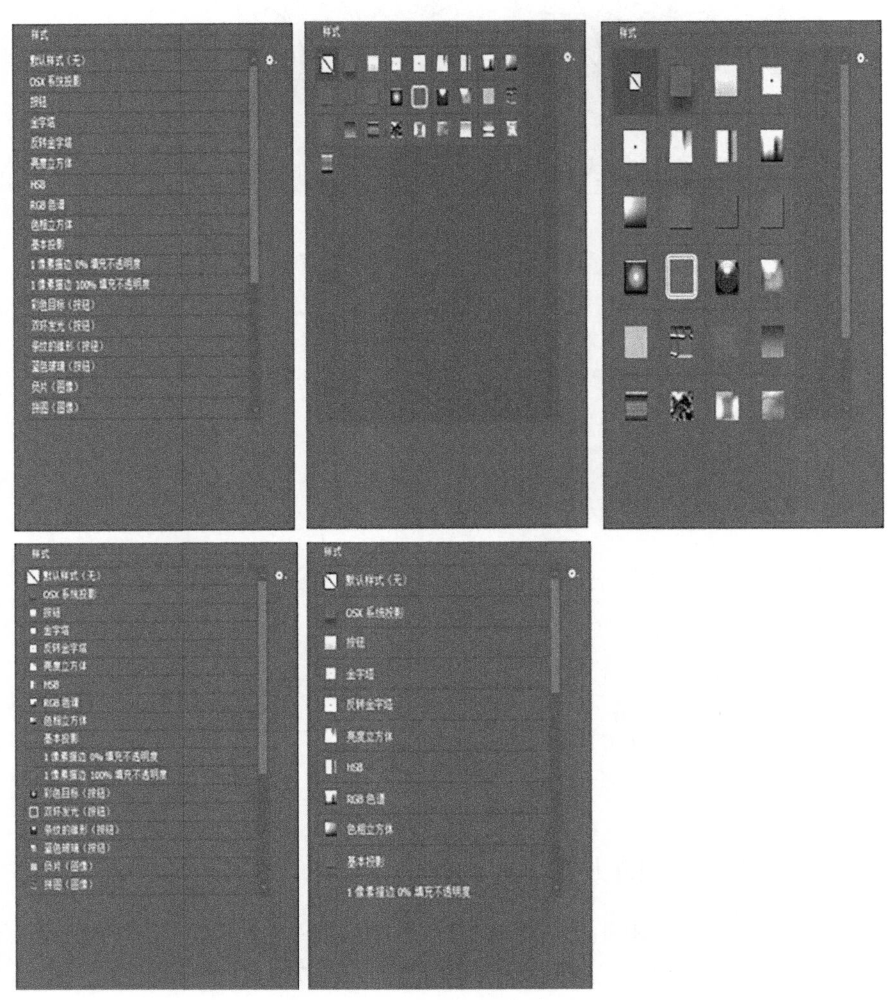

图 7-10　扩展菜单

第二节　设置混合选项

选择一个图层，执行“图层”→“图层样式”→“混合选项”命令，或双击该图层缩览图，打开“图层模式”与“图层”面板中的对应选项。“高级混合”选项中的“填充不透明度”与“图层”面板中的“填充”作用相同，如图 7-11、图 7-12 所示。

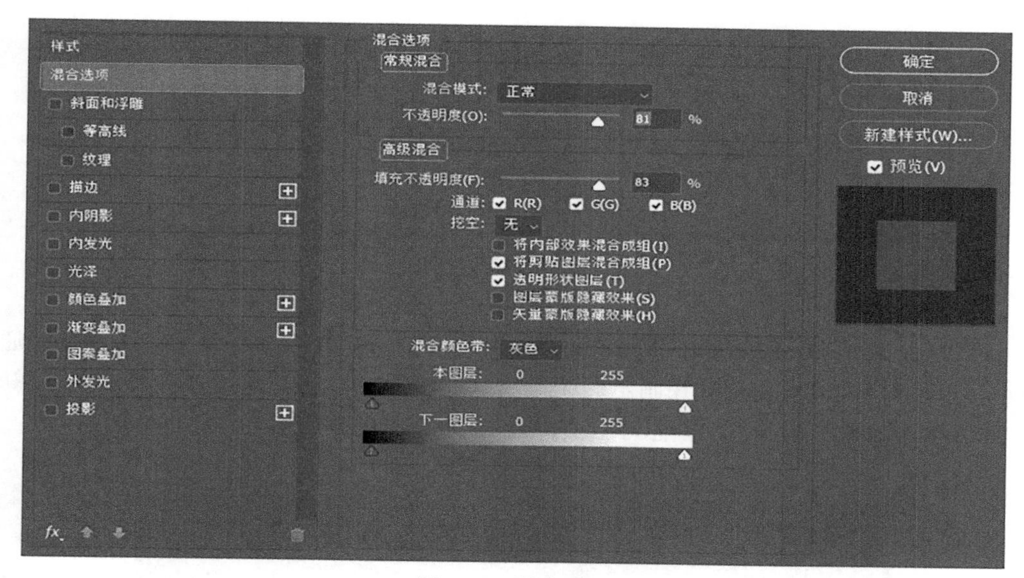

图 7-11　混合选项

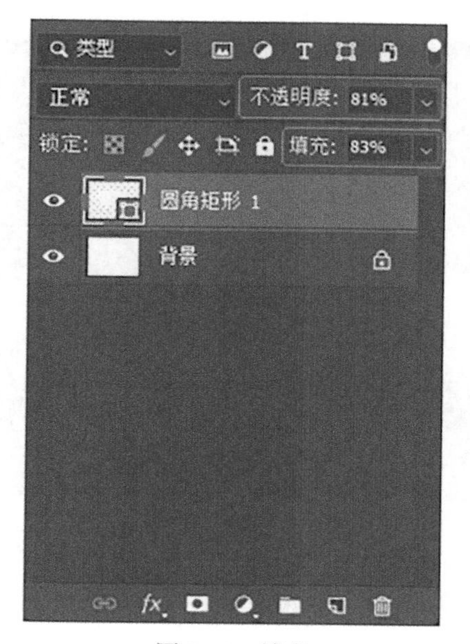

图 7-12　填充

一、高级混合

“填充不透明度”选项用于填充指定图层的不透明度，与“图层”面板中的“填充”作用相同。当图层包含图层样式时，设置该选项只会影响图像像素的不透明度，并不会影响图层样式的不透明度，如图 7-13 所示。

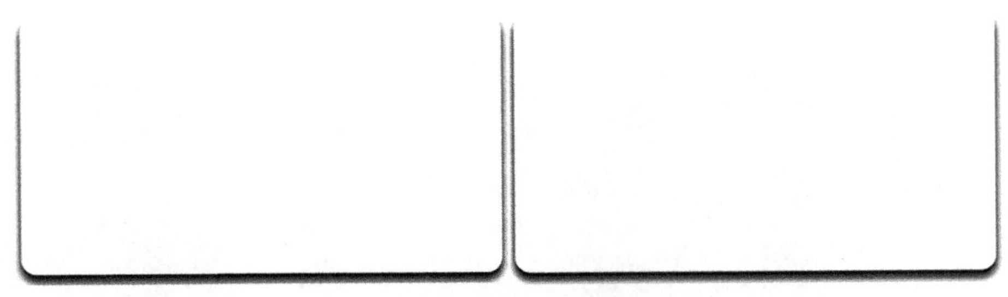

图 7-13　填充不透明度

在默认的情况下，Photoshop CC2019 会选取图层的所有通道参与混合，用户可以通过“通道”选项组将混合效果限制在制定的通道内。例如，只勾选 R 和 B，然后混合图像时，只有红色通道和绿色通道中的信息才会受到影响，如图 7-14 所示。

图 7-14　选择特定的通道

“挖空”选项可以通过当前图层显示出“背景”图层中的内容。在创建挖空时，首先应将图层放在被穿透图层之上，在“图层样式”对话框中选择挖空模式为“浅”选项后，降低

“填充不透明度”为 20%，可以挖空图层，显示“背景”图层，如图 7-15 所示；设置挖空为“深”，并显示“填充不透明度”为 0%，其效果如图 7-16 所示。

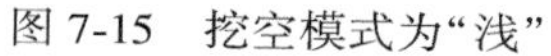
图 7-15　挖空模式为“浅”

图 7-16　挖空模式为“深”

在添加了“内发光”“颜色叠加”“渐变叠加”和“图案叠加”，效果的图层设置挖空时，如选择勾选“将内部效果混合成组”，则添加的样式是不会显示的，它们将作为整个图层的一个部分参与混合。

勾选“将剪贴图层混合成组”选项，可以将基底图层的“混合模式”应用于剪贴蒙版中的所有图层。

“透明形状图层”选项用来限制样式或挖空效果的范围在图层的不透明区域；取消勾选此选项时，将在整个图层范围内应用这些效果。

“图层蒙版隐藏效果”选项用来定义图层效果在图层蒙版中的应用范围。如果在添加了图层蒙版的图层上应用图层样式，勾选此选项时，图层蒙版中的效果不会显示。

“矢量蒙版隐藏效果”选项用来定义图层效果在矢量蒙版中的应用范围。如果在添加了矢量蒙版的图层上应用图层样式，勾选此选项，矢量蒙版中的效果不会显示。

二、混合颜色带

“混合颜色带”用于控制最终图像中将显示当前图层与下方图层中的哪些像素。下面是使用“混合颜色带”的具体操作方法。

打开一张图像，并将另一张天空素材拖入该图像，如图 7-17 所示。执行“图层”→“图层样式”→“混合选项”命令，在弹出的“图层样式”对话框中，“本图层”选项下的颜色条左右两侧各有一黑一白两组滑块条，每组滑块条又由两个滑块组成，在默认情况下，它们是组合在一起的，按 Alt 键，拖动黑色滑块组右边的滑块即可将其分开。向右拖动此滑块，可以看到天空图层的深色像素明显减少，如图 7-18 所示。

图 7-17　素材图

图 7-18　减少深色像素

第八章　选区基础操作

◎ 本章介绍：

选区是 Photoshop 中图像处理核心功能之一，本章讲解了选区的基本功能、选区工具的使用技巧，掌握了选区基础操作，能实现对图像的精细处理。

第一节　认识选区

选区是 Photoshop 中图像处理核心功能之一。通过各种选区工具为图像添加选区，可以改变图像的局部，而使未在选区中的图像不受影响，也可以运用选区进行抠图。

一、选区的基本功能

使用 Photoshop 处理图像时，选区是十分重要的一项功能，如果将图像载入选区，则在此图像边界会出现黑色的蚂蚁线。利用选区不仅可以单独修改选区内的图像，同时可以保证选区外的内容不受影响，还可以将需要的元素从复杂的图像中分离出来。另外，将一个图层载入选区，与其他图层进行对齐与分布操作时，将以载入选区的图层为参照标准。

(一)限制制作区域

在 Photoshop 中，往往要对图像的某一部分进行编辑和修改，这时就应该先将需要修改的部分用选区框选，后面才能在不改变其他部分的前提下修改选区内的部分，此时该选区内的图像颜色被修改，而选区外的图像颜色则保持不变。

(二)抠图

抠图作为常见操作，都是在选区工具的配合下完成的。不管使用何种方法抠图，需要先将抠取部分的图像载入选区，然后按住 Ctrl+J 组合键将选区内的图像抠取出来。

(三)选中优先级

除了前面提到的这两种功能以外，选区还可以用来选中优先级，此功能一般配合“对齐与分布”选项来操作。如果将某一图层中的元素载入选区，那么对齐与分布都将以该选区为标准。

二、选区分类

根据选区所使用的工具类型的不同，可将选区分为栅格数据选区和矢量数据选区。

1. 栅格数据选区

使用选框工具、套索工具、快速选择工具、Ctrl+A 组合键，得到的选区为栅格数据选区，Ctrl+D 为取消选区的快捷键。

2. 矢量数据选区

使用钢笔工具或形状工具并在属性栏中选中“路径”，然后沿着需要抠取图像的边缘建立闭合路径，再按 Ctrl+Enter 组合键，可以将路径转为选区。

第二节　选区的操作

在 Photoshop 中，选区是使用频率最高的一个功能，通过选区可以选择图像中的局部区域并进行相关操作。

一、选区的概念

选区用于分离图像的一个或多个部分，通过选择特定区域，可以编辑效果和滤镜并应用于图像的局部，同时保持未选定区域不会被改动。原图如图 8-1 所示，通过选区为图像局部上色的效果如图 8-2 所示。

图 8-1　原图

图 8-2　局部上色

在 Photoshop CC 2019 中，选区分为两类：普通选区与羽化选区。普通选区的边缘清晰、精确，不会对选区外侧的图像产生影响，但是使用羽化选区处理图像时，图像的边缘会产生淡入淡出的效果。普通选区的效果如图 8-3 所示，羽化选区填充颜色后的效果如图 8-4 所示。

图 8-3　普通选区

图 8-4　羽化选区

二、选区的基本操作

使用选区工具绘制好闭合选区后，可以对选区进行再操作，如取消选区、移动、变换、反选、选区布尔运算等。

(一)取消选区、重新选择与载入选区

执行“选择”→“取消选择”命令或按 Ctrl+D 组合键可以取消选区，蚂蚁线消失；执行“选择”→“重新选择”命令，可以将取消的选区恢复。如要将某个图层载入选区，按 Ctrl 键的同时，单击图层缩览图即可。

(二)全选

执行“选择”→“全部”命令或按 Ctrl+A 组合键可以全选，选区的边界为画布的边界。需要注意的是，这里的全选并不是选中所有图层中的图像，而是选中所选图层中的所有图像。

反选取的图像颜色或边界较为复杂而背景颜色单一时，可以选择先将背景部分用选区工具选中，下一步执行“选择”→“反向选择”命令或按 Shift+Ctrl+I 组合键，将需要抠取的部分选中。

(三)移动选区

使用选框工具绘制选区时，在松开鼠标之前，可以按住空格键并拖曳鼠标以移动选

区。选区绘制完成之后，也可以移动此选区。

(四)变换选区

绘制完成一个闭合选区，一般要进行再次调整，才能完成需要选择的图像。Photoshop提供了“变换选区”功能。首先绘制一个选区，然后单击鼠标右键，在弹出的快捷菜单中选择“变换选区”选项，调出定界框，再根据需要拖曳定界框上的控制点来调整选区，最后按Enter键或单击属性栏后方的✓按钮即可，如图8-5所示。

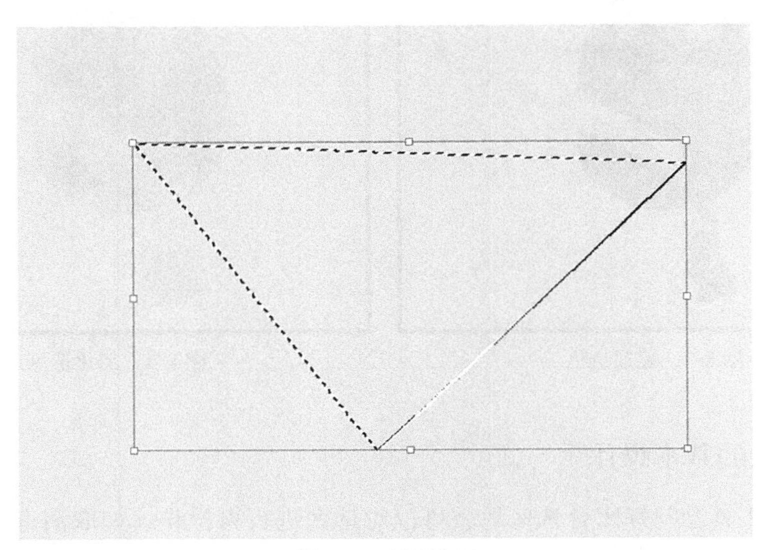

图8-5　变换选区

(五)羽化

羽化原理是令选区内外衔接的部分虚化，起到渐变的作用，从而达到自然衔接的效果。羽化值的范围在0—255，羽化值越小，创建选区越精准；羽化值越大，羽化的宽度范围也越大。绘制的羽化选区与无羽化选区在表面上没有明显区别，当在抠取图像时才会有明显差异，如图8-6所示。

(六)编辑选区的形态

选区绘制完成之后，可以对选区进行调整，此时执行“选择”→“修改”命令，在二级菜单中可以选择需要的选项。

“边界”命令可以将选区的边界向外扩展，扩展后的选区边界与原来的选区形成新的选区，宽度设置越大，新选区的范围越大。

“平滑”命令可以将选区边缘进行平滑处理。

“扩展”命令可以使选区向外扩展；与“扩展”相反，“收缩”命令可以使选区向内收缩。

图 8-6 羽化

（七）选区的布尔运算

布尔运算可以通过“选框工具”“套索工具”“魔棒工具”的属性栏进行设置。

选中选区工具，然后在属性栏中单击“新选区”按钮，可以在画布中绘制新选区，如画布中已存在选区，则之前的选区将被删除。

单击“添加到选区”按钮，可以将当前的选区添加到原选区中。如两个选区相交，则得到的选区为二者相加；如两个选区中一个包含另一个，则被包含的选区无效，如图 8-7 所示。

图 8-7 选区的布尔运算

（八）消除锯齿

图像中最小的元素是像素，然而像素是正方形的，所以在创建椭圆、多边形等不规则选区时，选区会产生锯齿状的边缘，图像在放大之后，锯齿的形状会非常明显。此选项可以在选区边缘一个像素宽的范围内添加与周围图像相近的颜色，可以使得选区看上去比较光滑。

三、图像的基本操作

选区的基本操作，包括复制、删除、移动选区中的图像。

（一）复制、粘贴选区中的图像

使用选区工具抠图时，可以将需要抠取的图像选中之后，按住 Ctrl+J 组合键复制选中的图像，并且创建一个图层，即抠图操作。还有一种操作是按住 Ctrl+C 组合键复制选区内图像，然后按住 Ctrl+V 组合键粘贴图像，与前面的效果一致。

（二）移动选区中的图像

利用选区工具绘制好闭合选区之后，可以移动选区中的图像，发挥选区的限制作用区域功能。按 Ctrl 键的同时，按住鼠标左键拖动，即可移动选区中的图像。

需要注意的是，如选区建立在背景图层上，则选区中的图像被移动之后，之前的区域自动填充为背景色；如选区建立在非背景图层上，则选区中的图像被移动之后，之前的区域被挖空。

（三）删除选区中的图像

选区中的图像可以删除，按 Delete 键即可。与“移动选区中的图像”一样，如选区建立在背景图层上，则删除选区中的图像时，需要在弹出的面板中设置相关选项，可以在“内容”下拉选项中选择删除区域的填充形式；如选区建立在非背景图层上，则选区中的图像被删除之后，此选区被挖空。

四、创建选区的方法

创建选区的方法有很多，在此讲解五种创建选区的方法。

（一）使用“钢笔工具”创建选区

钢笔工具是常用的矢量绘图工具，它可以绘制出曲线路径，使用“钢笔工具”沿着图像轮廓绘制路径，并将路径转换为选区，可选中所需要对象，如图 8-8 所示。

（二）快速蒙版创建选区

创建选区之后，单击工具箱中的“快速蒙版”按钮，进入快速蒙版状态，然后使用各种绘图工具或滤镜选区进行细致加工，以确保选区的精确性。使用“快速蒙版”抠出盘中的勺子如图 8-9 所示。

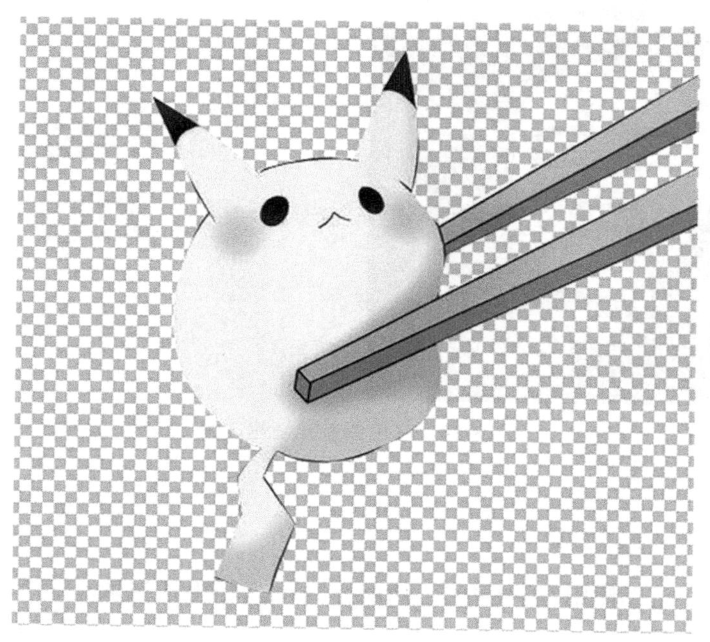

图 8-8　以钢笔工具创建选区

图 8-9　快速蒙版创建选区

（三）色调差异创建选区

在创建选区时，如果选择的对象与背景之间的色调差异比较明显，可以利用“魔棒工具”“快速选择工具”“色彩范围”“混合颜色带”“磁性套索工具”等来进行选取。使用“魔棒工具”抠出的图像如图 8-10 所示。

图 8-10　以色调差异创建选区

(四)创建选区细化法

创建选区时，可以使用“调整边缘”功能，它可以轻松地选取毛发等细微的部分，还可以消除选区边缘及周围的背景色。使用“快速选择”工具创建的大致选区如图 8-11 所示；再使用“调整边缘”命令，抠出人物图像，如图 8-12 所示。

图 8-11　创建选区

图 8-12　使用“调整边缘”命令

（五）通道创建选区法

对于不同的图像，可以采用不同的创建选区的方法，针对一些透明的对象以及被风吹动的树枝、高速行驶的汽车等边缘较为模糊的图像，可以选用通道创建选区，而且还可以在选区中使用“滤镜”“混合模式”“选区工具”“画笔”等功能进行编辑。使用“通道”命令抠出的图像如图 8-13 所示。

图 8-13　通道创建选区法

第三节　创建选区的工具

在对图像进行局部处理时，可以采用不同的工具创建选区，创建选区的工具主要有 3 种类型：选框工具、套索工具、魔棒工具。

一、选框工具组

选框工具是 Photoshop CC2019 中非常基础的创建选区工具，在选框中有 4 种不同的选框：“矩形选框工具”“椭圆选框工具”“单行选框工具”“单列选框工具”。

选框工具的使用方法较简单，只须在画布中拖曳或者单击即可创建选区，如图 8-14 所示。

二、套索工具组

选用套索工具组中的工具可以创建不规则的选区，套索工具一共有 3 种：“套索工具”“多边形套索工具”“磁性套索工具”。

（一）套索工具

“套索工具”的使用方法与选框工具的使用方法基本相同，都是通过在画布中拖曳创建选区，但是，“套索工具”比选框工具的自由度更大，几乎可以创建任何形状的选区，如图 8-15 所示。

图 8-14 选框工具

图 8-15 套索工具

（二）多边形套索工具

使用“多边形套索工具”可以先在画布中单击设置选区起点，然后在其他位置单击，在单击处会自动生成与上一点相连接的直线，它适合创建由直线构成的选区，如图 8-16 所示。

图 8-16　多边形套索工具

（三）磁性套索工具

“磁性套索工具”具有自动识别绘制对象边缘的功能，如图 8-17 所示，如对象的边缘较为清晰，并且与背景对比明显，使用该工具可以快速选择对象的选区。

“磁性套索工具”能创建更加细腻、精确的选区，而且针对不同的图像，可以在选项栏中进行设置。

宽度值决定了以光标中心为基准，其周围有多少个像素能够被磁性套索工具检测到。如果对象的边缘不是很清晰，可以使用一个较小的宽度值；如果对象的边缘比较清晰，则使用较大的宽度值即可。

对比度可用来设置感应图像边缘的灵敏度。如果图像的边缘不是很清晰，则需要将对比度设置得低一些；如果图像的边缘非常清晰，则需要将对比度设置得高一些。

在使用“磁性套索工具”创建选区的过程中会产生很多锚点，“频率”决定了这些锚点的数量。频率值越高，产生的锚点越多，捕捉的边缘越准确，但是锚点过多，选区的边缘会不光滑。频率为 50 的效果如图 8-18 所示，频率为 100 的效果如图 8-19 所示。

图 8-17　磁性套索工具

图 8-18　频率为 50 的效果

图 8-19　频率为 100 的效果

三、魔棒工具组

在魔棒工具组中有两种工具："快速选择工具"与"魔棒工具"，如图 8-20 所示。通过这两种工具可以选择图像中色彩变化不大且色调相近的区域。

图 8-20　魔棒工具组

"快速选择工具"能够利用可调整的圆形画笔笔尖快速绘制选区，拖动或单击以创建选区，选区会向外扩展并自动查找和跟随与图像中定义颜色相近的区域。单击工具箱中的"快速选择工具"按钮，在画布中拖动，即可创建选区，如图 8-21、图 8-22 所示。

图 8-21　快速选择工具 1

"魔棒工具"适合选取图像中颜色较单一的选区。单击工具箱中的"魔棒工具"按钮，在画布中拖动可以创建选区，如图 8-23 所示。

图 8-22　快速选取工具 2

图 8-23　用“魔棒工具”创建选区

用户在处理图像时，有时需要创建一些精确的选区，本章讲到的创建选区的方法虽然快捷，但不一定能保证创建出来的选区可以达到预期的精度，还需要使用其他的方法来调整，如“色彩范围”“快速蒙版”“调整边缘”等。

参 考 文 献

[1]张凡. Photoshop CS6 中文版基础与实例教程[M]. 北京：机械工业出版社，2013.

[2]陶晓欣. 中文版 Photoshop CS6 图形图像处理技术与实例[M]. 北京：海洋出版社，2014.

[3]张晨起. Photoshop UI 交互设计[M]. 北京：人民邮电出版社，2016.

[4]睢丹，张书艳. Photoshop CC2015 从新手到高手[M]. 北京：清华大学出版社，2016.

[5]彭平，胡垂立. Photoshop 图像处理与创意设计案例教程[M]. 北京：人民邮电出版社，2017.

[6]彭澎，郭芹. Photoshop 图形图像处理实用教程[M]. 北京：机械工业出版社，2017.

[7]郑志强. Photoshop 影调、调色、抠图、合成、创意 5 项核心修炼[M]. 北京：北京大学出版社，2018.

[8]张洪波，郑铮. Photoshop CC 完全自学教程[M]. 北京：清华大学出版社，2019.

[9]王蓝希. Photoshop CC 实战入门[M]. 北京：清华大学出版社，2020.

[10]方国平. Photoshop CC 从入门到精通[M]. 北京：电子工业出版社，2020.

[11]瞿颖健. Photoshop CC 中文版基础培训教程(第 2 版)[M]. 北京：清华大学出版社，2020.

[12]唯美世界，瞿颖健. 中文版 Photoshop 2020 从入门到精通 PS[M]. 北京：水利水电出版社，2020.

[13][美]安德鲁·福克纳，康德鲁·查韦斯. Photoshop2020 经典教程(彩色版)[M]. 北京：人民邮电出版社，2021.

[14]任桂玲. Photoshop UI 设计完全自学手册[M]. 北京：清华大学出版社，2021.

[15]王琦. Adobe Photoshop 2020 基础培训教材[M]. 北京：人民邮电出版社，2021.

[16]敬伟. Photoshop2021 中文版从入门到精通[M]. 北京：清华大学出版社，2021.